ESTRUCTURAS DE CONSTRUCCIÓN

FORMULARIO

J.G. Simón Valea

CICLOS FORMATIVOS DE GRADO SUPERIOR

EDIFICACIÓN Y OBRA CIVIL

ESTRUCTURAS DE CONSTRUCCIÓN. FORMULARIO

© 2019, J. G. Simón Valea

ISBN 978-0-244-42154-0

Depósito legal: AS 03888-2019

1ª Edición

Editor: J. G. Simón Valea

Impresión: Lulu Press, Inc. EEUU

INDICE DE CONTENIDOS

1. GEOMETRÍA DE MASAS

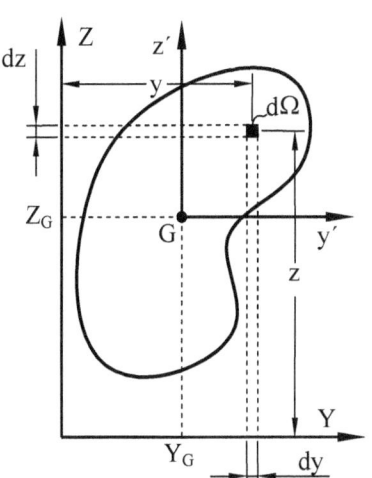

Y, Z: Ejes de coordenadas

y′, z′: Ejes principales

G: Centro de gravedad de la sección

$d\Omega$: Diferencial de Área

dy: Diferencial de longitud en x

dz: Diferencial de longitud en y

y, z: Coordenadas de $d\Omega$

Y_G, Z_G: Coordenadas del Centro de gravedad

AREA DE SECCIONES PLANAS (A)

$$A = d\Omega_1 + d\Omega_2 + \cdots + d\Omega_n \qquad\qquad A = \iint_\Omega dy\,dz = \int_\Omega d\Omega$$

Área total de varias secciones: $A_{total} = A_1 + A_2 + \cdots + A_n$

MOMENTO ESTÁTICO DE SECCIONES PLANAS (S)

$$S_Z = y_1 d\Omega_1 + y_2 d\Omega_2 + \cdots + y_n d\Omega_n = Y_G \cdot A$$
$$S_Y = z_1 d\Omega_1 + z_2 d\Omega_2 + \cdots + z_n d\Omega_n = Z_G \cdot A$$

$$S_Y = \int_\Omega z \cdot d\Omega \qquad S_Z = \int_\Omega y \cdot d\Omega$$

Momento estático total de varias secciones:
$$S_{Y,total} = A_1 Z_{G,1} + A_2 Z_{G,2} + \cdots + A_n Z_{G,n} = Z_G \cdot A$$
$$S_{Z,total} = A_1 Y_{G,1} + A_2 Y_{G,2} + \cdots + A_n Y_{G,n} = Y_G \cdot A$$

MOMENTO DE INERCIA DE SECCIONES PLANAS (I)

$$I_Z = y_1{}^2 d\Omega_1 + y_2{}^2 d\Omega_2 + \cdots + y_n{}^2 d\Omega_n$$
$$I_Y = z_1{}^2 d\Omega_1 + z_2{}^2 d\Omega_2 + \cdots + z_n{}^2 d\Omega_n$$

$$I_Y = \int_\Omega z^2 \cdot d\Omega \qquad I_Z = \int_\Omega y^2 \cdot d\Omega$$

Teorema de Steiner: $I_Y = I_{y'} + A \cdot Z_G{}^2$; $I_Z = I_{z'} + A \cdot Y_G{}^2$

Momento de inercial total de varias secciones:
$$I_{Y,total} = I_{y',1} + A_1 \cdot Z_{G,1}{}^2 + I_{y',2} + A_2 \cdot Z_{G,2}{}^2 + \cdots + I_{y',n} + A_n \cdot Z_{G,n}{}^2$$
$$I_{Z,total} = I_{z',1} + A_1 \cdot Y_{G,1}{}^2 + I_{z',2} + A_2 \cdot Y_{G,2}{}^2 + \cdots + I_{z',n} + A_n \cdot Y_{G,n}{}^2$$

CARACTERÍSTICAS MECÁNICAS DE SECCIONES ELEMENTALES

Sección	A	Y_G	Z_G	I_Y	I_Z	$I_{y'}$	$I_{z'}$
	$b \cdot h$	$\dfrac{b}{2}$	$\dfrac{h}{2}$	$\dfrac{b \cdot h^3}{3}$	$\dfrac{h \cdot b^3}{3}$	$\dfrac{b \cdot h^3}{12}$	$\dfrac{h \cdot b^3}{12}$
	$\dfrac{b \cdot h}{2}$	$\dfrac{b}{3}$	$\dfrac{h}{3}$	$\dfrac{b \cdot h^3}{12}$	$\dfrac{h \cdot b^3}{12}$	$\dfrac{b \cdot h^3}{36}$	$\dfrac{h \cdot b^3}{36}$
	πR^2	R	R	$\dfrac{5\pi R^4}{4}$	$\dfrac{5\pi R^4}{4}$	$\dfrac{\pi R^4}{4}$	$\dfrac{\pi R^4}{4}$
	$\dfrac{\pi b h}{4}$	$\dfrac{b}{2}$	$\dfrac{h}{2}$	$\dfrac{5\pi b h^3}{64}$	$\dfrac{5\pi h b^3}{64}$	$\dfrac{\pi b h^3}{64}$	$\dfrac{\pi h b^3}{64}$
	$\dfrac{b \cdot h}{2}$	$\dfrac{b}{2}$	$\dfrac{h}{2}$	$\dfrac{7 b h^3}{48}$	$\dfrac{7 h b^3}{48}$	$\dfrac{b \cdot h^3}{48}$	$\dfrac{h \cdot b^3}{48}$
	$\dfrac{b \cdot h}{2}$	$\dfrac{b}{2}$	$\dfrac{h}{3}$	$\dfrac{b \cdot h^3}{12}$	$\dfrac{7 h b^3}{48}$	$\dfrac{b \cdot h^3}{36}$	$\dfrac{h \cdot b^3}{48}$
	$\dfrac{3\sqrt{3}}{2}L^2$	L	$\dfrac{\sqrt{3}}{2}L$	$\dfrac{23\sqrt{3}}{16}L^4$	$\dfrac{29\sqrt{3}}{16}L^4$	$\dfrac{5\sqrt{3}}{16}L^4$	$\dfrac{5\sqrt{3}}{16}L^4$

Sección	A	Y_G	Z_G	I_Y	I_Z	$I_{y'}$	$I_{z'}$
Semicírculo (2R)	$\dfrac{\pi R^2}{2}$	R	$\dfrac{4R}{3\pi}$	$\dfrac{\pi R^4}{8}$	$\dfrac{5\pi R^4}{8}$	$\dfrac{(9\pi^2-64)\,R^4}{72\pi}$	$\dfrac{\pi R^4}{8}$
Cuarto de círculo (R)	$\dfrac{\pi R^2}{4}$	$\dfrac{4R}{3\pi}$	$\dfrac{4R}{3\pi}$	$\dfrac{\pi R^4}{16}$	$\dfrac{\pi R^4}{16}$	$\dfrac{(9\pi^2-64)\,R^4}{144\pi}$	$\dfrac{(9\pi^2-64)\,R^4}{144\pi}$
Sector circular α, R	αR^2	$\dfrac{2R\sin\alpha}{3\alpha}$	0	$\dfrac{(\alpha-\sin\alpha\cos\alpha)\,R^4}{4}$	$\dfrac{(\alpha+\sin\alpha\cos\alpha)\,R^4}{4}$	$\dfrac{(\alpha-\sin\alpha\cos\alpha)\,R^4}{4}$	--
Segmento circular α, R	$\left(9-\dfrac{\sin 2\alpha}{2}\right)R^2$	$\dfrac{2R}{3}\left(\dfrac{\sin^3\alpha}{\alpha-\sin\alpha\cos\alpha}\right)$	0	$\dfrac{AR^2}{4}\left(1-\dfrac{2\sin^3\alpha\cos\alpha}{3(\alpha-\sin\alpha\cos\alpha)}\right)$	$\dfrac{AR^2}{4}\left(1+\dfrac{2\sin^3\alpha\cos\alpha}{\alpha-\sin\alpha\cos\alpha}\right)$	$\dfrac{AR^2}{4}\left(1-\dfrac{2\sin^3\alpha\cos\alpha}{3(\alpha-\sin\alpha\cos\alpha)}\right)$	--
Zona (R)	$\dfrac{4-\pi}{4}R^2$	$\dfrac{10-3\pi}{12-3\pi}R$	$\dfrac{10-3\pi}{12-3\pi}R$	$\dfrac{16-5\pi}{16}R^4$	$\dfrac{16-5\pi}{16}R^4$	$\cong\dfrac{16-5\pi}{387}R^4$	$\cong\dfrac{16-5\pi}{387}R^4$
Paralelogramo a, b, α	$b\cdot h\cdot\sin\alpha$	$\dfrac{b+a\cos\alpha}{2}$	$\dfrac{a\sin\alpha}{2}$	$\dfrac{b\cdot a^3}{3}\sin^3\alpha$	$\dfrac{ab}{3}\sin\alpha(b+a\cos\alpha)^2-\dfrac{a^2b^2}{6}\sin\alpha\cos\alpha$	$\dfrac{b\cdot a^3}{12}\sin^3\alpha$	$\dfrac{ab}{12}\sin\alpha(b^2+a^2\cos^2\alpha)$

2. RESISTENCIA DE MATERIALES

ESFUERZOS NORMALES

$$\sigma = \frac{N}{A} \qquad \sigma \leq \sigma_e \qquad \sigma = \varepsilon \cdot E \qquad \varepsilon = \frac{\Delta L}{L_0} \qquad \delta = \Delta L = \frac{N \cdot L}{A \cdot E} \qquad \delta = \alpha \cdot L \cdot \Delta T$$

ESFUERZOS CORTANTES

$$\tau = \frac{C}{A} \qquad \tau \leq \tau_e \qquad \tau_e \leq \frac{\sigma_e}{\sqrt{3}} \qquad \tau = \gamma \cdot G \qquad G = \frac{E}{2 \cdot (1 + \mu)}$$

MOMENTOS FLECTORES

$$\sigma = \frac{M}{I} \cdot z \qquad \sigma_{máx} = \frac{M}{W} \qquad \sigma_{máx} \leq \sigma_e \qquad W = \frac{I}{z_{máx}} \qquad \theta_x = \int \frac{M}{EI} dx \qquad f = \int \theta_x \, dx$$

MOMENTOS TORSORES

$$\tau = \frac{M_t}{I_t} \cdot r \qquad \tau_{máx} = \frac{M_t}{W_t} \qquad \tau \leq \tau_e \qquad \tau_e \leq \frac{\sigma_e}{\sqrt{3}} \qquad \theta_x = \int \frac{M_{t,x}}{GI_t} dx$$

Criterio de signos

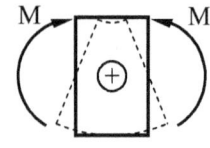

Notación

σ: Tensión Normal
τ: Tensión Cortante
N: Esfuerzo Normal
C: Esfuerzo Cortante
A: Area de la sección
σ_e: Límite elástico
τ_e: Límite de cortadura
M: Momento Flector
M_t: Momento Torsor
I: Momento de Inercia
W: Módulo resitente

ε: Deformación unitaria
E: Módulo de Elasticidad Longitudinal
ΔL, δ: Incremento de Longitud
L: Longitud de la pieza
γ: Deformación angular
G: Módulo de Elasticidad Transversal
μ: Coeficiente de Poisson
z: Distancia a la Linea Neutra
r: Radio de la sección transversal
$\sigma_{máx}$: Tensión máxima de la sección
$z_{máx}$: Distancia máxima a la Linea Neutra

θ: Giro
f: Flecha
α: Coef. Dilatación
ΔT: Incremento
de temperatura

Unidades

σ, τ, E, G: (N/mm²)
ε, μ: (Adimensional)
γ, θ: (Rad)

N, C: (N)
M, M_t: (N · mm)
ΔT: ºC

ΔL, δ, L, z, f, r: (mm)
A: (mm²)
α: ºC^{-1}

W, W_t: (mm³)
I, I_t: (mm⁴)

MÓDULOS RESISTENTES Y MOMENTO DE INERCIA A TORSIÓN

Sección	W_y	W_t	I_t
Círculo (D)	$\dfrac{\pi R^3}{4}$	$\dfrac{\pi D^3}{16}$	$\dfrac{\pi D^4}{32}$
Cuadrado (L × L)	$\dfrac{L^3}{6}$	$0{,}208 \cdot L^3$	$0{,}14 \cdot L^4$
Triángulo (L)	$\dfrac{5L^3}{384}$	$\dfrac{L^3}{20}$	$\dfrac{\sqrt{3}L^4}{80}$
Elipse (a, b)	$\dfrac{\pi ab^2}{32}$	$\dfrac{\pi ab^2}{16}$	$\dfrac{\pi a^3 b^3}{16(a^2 + b^2)}$
Pletina (L, e)	$\dfrac{e \cdot L^2}{6}$	$\dfrac{L \cdot e^2}{3}$ $con\ L > 10e$	$\dfrac{L \cdot e^3}{3}$ $con\ L > 10e$
Tubo (d, D)	$\dfrac{\pi D^3}{32} \cdot \left(1 - \dfrac{d^4}{D^2}\right)$	$\dfrac{\pi D^3}{16} \cdot \left(1 - \dfrac{d^4}{D^4}\right)$	$\dfrac{\pi D^4}{32} \cdot \left(1 - \dfrac{d^4}{D^4}\right)$
Cuadrado hueco (L, e)	$\approx \dfrac{4 \cdot e \cdot L^2}{3}$	$2 \cdot L^2 \cdot e$	eL^3
Rectángulo hueco (a, b, e)	$\approx a \cdot b \cdot e + \dfrac{e \cdot b^2}{3}$	$2 \cdot a \cdot b \cdot e$	$\dfrac{2 \cdot a^2 \cdot b^2 \cdot e^2}{e(a + b)}$

INESTABILIDAD POR PANDEO

$$N_{crit} = \frac{\pi^2 \cdot E \cdot I}{L_p{}^2} \qquad \sigma_{crit} = \frac{\pi^2 \cdot E}{\lambda^2} \qquad L_p = \beta \cdot L \qquad \lambda = \frac{L_p}{i} \qquad i = \sqrt{I/A}$$

Coeficientes β:

$\beta = 0,5 \qquad \beta = 0,7 \qquad \beta = 1 \qquad \beta = 1 \qquad \beta = 2$

Comprobación de pandeo:

Por compresión

$$\sigma = \frac{N}{A}\omega \le \sigma_e$$

Por compresión y flexión simultáneos

$$\sigma = \frac{N}{A}\omega + \frac{M_y}{W_y} + \frac{M_z}{W_z} \le \sigma_e$$

$$\omega = \left(0,5 + 0,65\frac{\sigma_e}{\sigma_{crit}}\right) + \sqrt{\left(0,5 + 0,65\frac{\sigma_e}{\sigma_{crit}}\right)^2 - \frac{\sigma_e}{\sigma_{crit}}}$$

Notación

N_{crit}: Normal crítico de pandeo
σ_{crit}: Tensión crítica de pandeo
E: Módulo de Elasticidad longitudinal
λ: Esbeltez
β: Coeficiente de pandeo

Lp: Longitud de pandeo
L: Longitud de la barra
i: Radio de giro
A: Área de la sección
I: Momento de inercia de la sección

Unidades

N_{crit}: (N)
σ_{crit}, E: (N/mm^2)

I : (mm^4)
i, L_p, L: (mm)

A: (mm^2)
β, λ: (Adimensional)

CARACTERÍSTICAS MECÁNICAS ORIENTATIVAS DE MATERIALES DE ESTRUCTURAS DE CONSTRUCCIÓN

MATERIAL	Densidad Kg/m³ γ	Tensión de rotura N/mm²			Límite de fluencia N/mm²		Módulo de Elasticidad N/mm²		Coef. Dilat. $\cdot 10^{-5}$/°C α	Ductilidad % ε_r
		Trac. σ_t	Comp. σ_c	Cort. τ	Tracción σ_e	Cortadura τ_e	Longitudinal E	Transversal G		
Acero laminado	7850	410	410	236	275	158	210.000	81.000	1,2	23
Acero conformado	7850	330	330	190	250	144	210.000	81.000	1,2	19
Acero para armaduras	7850	550	550	317	500	288	200.000	81.000	1,2	12
Aleación de Aluminio	2700	245	245	141	215	124	70.000	27.000	2,3	13
Aleación de Titanio	4500	930	930	536	860	496	110.000	40.000	0,9	10
Hormigón	2300	1,79	25	1,79	--	--	32.000	13.333	1	0,35
Mortero de cemento	2000	0,97	10	0,56	--	--	20.000	8.333	1	0,35
Piedra granítica	2600	10	120	5,7	--	--	50.000	20.000	0,8	--
Madera de conífera	380	11	18	3,4	11	3,4	9.000	560	0,5	0,5
Madera de frondosa	640	18	23	4	18	4	12.000	750	0,5	0,5
Madera laminada	380	16,5	24	2,7	16,5	2,7	11.600	720	0,5	0,5

3. TABLAS DE VIGAS

VIGAS BIAPOYADAS

Criterio de signos empleado en la tabla de vigas:

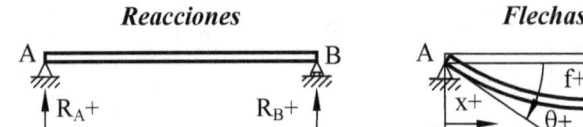

TIPO DE CARGA	REACCIONES	MOMENTOS	FLECHA	GIROS
A — P — B $L/2$ $L/2$	$R_A = \dfrac{P}{2}$ $R_B = \dfrac{P}{2}$	$M_{máx} = \dfrac{PL}{4}$ en $x = \dfrac{L}{2}$	$f_{máx} = \dfrac{PL^3}{48EI}$ en $x = \dfrac{L}{2}$	$\theta_A = \dfrac{PL^2}{16EI}$ $\theta_B = -\dfrac{PL^2}{16EI}$
q — A ↓↓↓↓↓↓ B L	$R_A = \dfrac{qL}{2}$ $R_B = \dfrac{qL}{2}$	$M_{máx} = \dfrac{qL^2}{8}$ en $x = \dfrac{L}{2}$	$f_{máx} = \dfrac{5qL^4}{384EI}$ en $x = \dfrac{L}{2}$	$\theta_A = \dfrac{qL^3}{24EI}$ $\theta_B = -\dfrac{qL^3}{24EI}$
A — P — B a b L	$R_A = \dfrac{Pb}{L}$ $R_B = \dfrac{Pa}{L}$	$M_{máx} = \dfrac{Pab}{L}$ en $x = a$	$f_{máx} = \dfrac{Pb}{9EIL\sqrt{3}}(L^2-b^2)^{3/2}$ en $x = \sqrt{\dfrac{L^2 - b^2}{3}}$	$\theta_A = \dfrac{Pab}{6EIL}(L+b)$ $\theta_B = -\dfrac{Pab}{6EIL}(L+a)$
m — A — B L	$R_A = -\dfrac{m}{L}$ $R_B = \dfrac{m}{L}$	$M_A = M_{máx} = m$ $M_B = 0$	$f_{máx} = \dfrac{mL^2}{9\sqrt{3}EI}$ en $x = L\left(1 - \dfrac{1}{\sqrt{3}}\right)$	$\theta_A = \dfrac{mL}{3EI}$ $\theta_B = -\dfrac{mL}{6EI}$

VIGAS EMPOTRADAS - APOYADAS

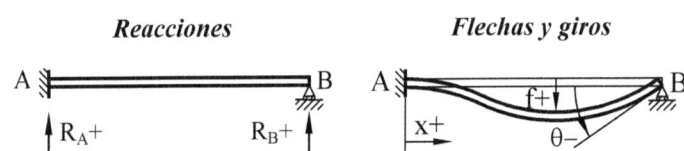

Reacciones   **Flechas y giros**

TIPO DE CARGA	REACCIONES	MOMENTOS	FLECHA	GIROS
(viga con carga P en L/2, L/2)	$R_A = \dfrac{11P}{16}$ $R_B = \dfrac{5P}{16}$	$M_A = \dfrac{-3PL}{16}$ $M_{máx}^+ = \dfrac{5PL}{32}$ en $x = \dfrac{L}{2}$	$f_{máx} = \dfrac{PL^3}{48\sqrt{5}EI}$ en $x = \dfrac{L}{\sqrt{5}}$	$\theta_A = 0$ $\theta_B = \dfrac{-PL^2}{32EI}$
(viga con carga distribuida q en L)	$R_A = \dfrac{5qL}{8}$ $R_B = \dfrac{3qL}{8}$	$M_A = \dfrac{-qL^2}{8}$ $M_{máx}^+ = \dfrac{9qL^2}{128}$ en $x = \dfrac{5L}{8}$	$f_{máx} = \dfrac{qL^4}{185EI}$ en $x = \dfrac{1+\sqrt{33}}{16}L$	$\theta_A = 0$ $\theta_B = \dfrac{-qL^3}{48EI}$
(viga con carga P en a, b)	$R_A = \dfrac{Pb}{2L^3}(3L^2 - b^2)$ $R_B = \dfrac{Pa^2}{2L^3}(3L - a)$	$M_A = \dfrac{-Pb}{2L^2}(L^2 - b^2)$ $M_{máx}^+ = \dfrac{Pba^2}{2L^3}(3b+2a)$ en $x = a$	$f_{máx} = \dfrac{Pa^2b}{6EI}\sqrt{\dfrac{b}{2L+b}}$ en x $= L\left(1 - \sqrt{\dfrac{b}{2L+b}}\right)$	$\theta_A = 0$ $\theta_B = \dfrac{-Pb(L\text{-}b)^2}{4EIL}$
(viga con momento m en B)	$R_A = \dfrac{3m}{2L}$ $R_B = -\dfrac{3m}{2L}$	$M_A = -\dfrac{m}{2}$ $M_B = M_{máx} = m$	$f_{máx} = \dfrac{mL^2}{27EI}$ en $x = \dfrac{2}{3}L$	$\theta_A = 0$ $\theta_B = -\dfrac{mL}{4EI}$

VIGAS BIEMPOTRADAS

Reacciones   ***Flechas y giros***

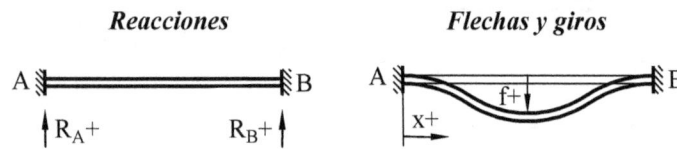

TIPO DE CARGA	REACCIONES	MOMENTOS	FLECHA	GIROS
A $\quad$ P $\quad$ B L/2 $\quad$ L/2	$R_A = \dfrac{P}{2}$ $R_B = \dfrac{P}{2}$	$M_A = M_B = \dfrac{-PL}{8}$ $M_{máx}^+ = \dfrac{PL}{8}$ en $x = \dfrac{L}{2}$	$f_{máx} = \dfrac{PL^3}{192EI}$ en $x = \dfrac{L}{2}$	$\theta_A = 0$ $\theta_B = 0$
A $\quad$ q $\quad$ B L	$R_A = \dfrac{qL}{2}$ $R_B = \dfrac{qL}{2}$	$M_A = M_B = \dfrac{-qL^2}{12}$ $M_{máx}^+ = \dfrac{qL^2}{24}$ en $x = \dfrac{L}{2}$	$f_{máx} = \dfrac{qL^4}{384EI}$ en $x = \dfrac{L}{2}$	$\theta_A = 0$ $\theta_B = 0$
A $\quad$ P $\quad$ B a $\quad$ b L	$R_A = \dfrac{Pb^2}{L^3}(L+2a)$ $R_B = \dfrac{Pa^2}{L^3}(L+2b)$	$M_A = -\dfrac{Pab^2}{L^2}$ $M_B = -\dfrac{Pba^2}{L^2}$ $M_{máx}^+ = \dfrac{2Pa^2b^2}{L^3}$ en $x = a$	$f_{máx} = \dfrac{2Pa^3b^2}{3EI(L+2a)^2}$ en $x = \dfrac{2aL}{L+2a}$	$\theta_A = 0$ $\theta_B = 0$

VIGAS EN VOLADIZO

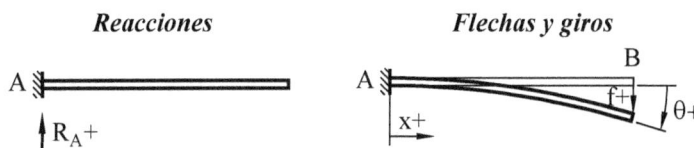

Reacciones   ***Flechas y giros***

TIPO DE CARGA	REACCIONES	MOMENTOS	FLECHA	GIROS
A — P ↓ B, L	$R_A = P$	$M_A = M_{máx} = -PL$	$f_{máx} = \dfrac{PL^3}{3EI}$ en $x = L$	$\theta_B = \dfrac{PL^2}{2EI}$
A q↓ B, L	$R_A = qL$	$M_A = M_{máx} = -\dfrac{qL^2}{2}$	$f_{máx} = \dfrac{qL^4}{8EI}$ en $x = L$	$\theta_B = \dfrac{qL^3}{6EI}$
A P↓ B, a, b, L	$R_A = P$	$M_A = M_{máx} = -Pa$	$f_{máx} = \dfrac{Pa^2}{6EI}(2a + 3b)$ en $x = L$	$\theta_B = \dfrac{Pa^2}{2EI}$
A m B, L	$R_A = 0$	$M_A = m$	$f_{máx} = \dfrac{mL^2}{2EI}$ en $x = L$	$\theta_B = -\dfrac{mL}{EI}$

4. ACCIONES EN ESTRUCTURAS

ACCIONES EN EDIFICIOS (*Norma: CTE-DB-SE-AE*)

Valores característicos de las cargas permanentes

			Carga [kN/m²]
Elementos estructurales	Chapa simple grecada.		0,10
	Panel nervado con aislante.		0,15
	Placas de fibrocemento.		0,20
	Losas mixtas (chapa grecada y capa de hormigón)	Canto: 12	2,00
		Canto: 15	2,70
		Canto: 20	3,40
	Forjado unidireccional (bovedillas de poliestireno)	Canto: 20+5	2,30
		Canto: 25+5	2,60
		Canto: 30+5	2,90
	Forjado unidireccional (bovedillas cerámicas)	Canto: 20+5	2,80
		Canto: 25+5	3,20
		Canto: 30+5	3,60
	Forjado unidireccional (bovedillas de hormigón)	Canto: 20+5	3,20
		Canto: 25+5	3,60
		Canto: 30+5	4,10
	Forjado reticular (casetón de poliestireno o recuperable)	Canto: 25+5	2,70
		Canto: 30+5	3,10
		Canto: 35+5	3,50
	Losas alveolares pretensadas	Canto: 15+5	3,90
		Canto: 20+5	4,30
		Canto: 25+5	5,00
Solados	Parqué y tarima de 2 cm de espesor sobre rastreles		0,50
	Baldosa con material de agarre de espesor total < 6 cm		1,00
	Placas de piedra o peldañeado con grueso total < 15 cm		1,50
Cubiertas	Cubierta de teja o pizarra sobre panel nervado con aislante.		1,00
	Cubierta de teja o pizarra sobre material de agarre.		1,50
	Cubierta plana con formación de pendiente mediante hormigón ligero y acabada en baldosa.		2,00
	Cubierta plana acabada en capa de grava		2,50
	Cubierta inclinada de teja o pizarra sobre rasillas cerámicas y tabiques palomeros.		3,00
Tabiquería ordinaria con distribución homogénea en planta			1,00

Los valores son orientativos. La estimación de otras cargas permanentes puede realizarse a partir de los pesos específicos de cada material (Anejo C del CTE-DB-SE-AE) o de las fichas técnicas del fabricante.

Valores característicos de las cargas permanentes

		Carga [kN/m]
Cerramientos y particiones	Tabique simple de espesor total < 9 cm	3,00
	Tabicón u hoja simple de albañilería; grueso total < 0,14 m	5,00
	Hoja exterior y tabique interior; grueso total < 0,25 m	7,00

Valores orientativos, incluidos revestimientos, teniendo en cuenta una altura libre de 3,00 m.

Peso específico de materiales

Material	Peso [kN/m^3]	Material	Peso [kN/m^3]	Material	Peso [kN/m^3]
Piedras natural		**Mampostería**		**Agua**	10
Arenisca	24	Arenisca	24	**Papel**	11
Caliza	28	Caliza	26	**Terreno**	20
Granito	28	Granito	26	**Vidrio**	25
Basalto	29	Basalto	27	**Madera**	
Pizarra	29	**Hormigones**		Maciza	5
Fabrica		Ligero	15	Tablero aglomerado	5
Bloque de yeso	10	Normal	24	Tablero de fibras	9
Bloque de cemento	15	Pesado	28	**Plásticos**	
Ladrillo hueco	12	**Baldosa**	18	Linóleo	12
Ladrillo perforado	15	**Mortero**	20	Caucho	17
Ladrillo macizo	18	**Asfalto**	24	Mástico	21

Valores medios. Los valores mínimos y máximos pueden obtenerse del Anejo C del CTE-DB-SE-AE.

Valores característicos de las sobrecargas de uso

	Carga [kN/m^2]
Cubiertas con inclinación superior a 40°.	0,00
Cubiertas ligeras sobre correas (sin forjado).	0,40
Cubiertas transitables accesibles sólo privadamente. Cubiertas con inclinación inferior a 20° accesibles solo para mantenimiento.	1,00
Zonas residenciales, viviendas y zonas de habitaciones en hospitales y hoteles. Zonas administrativas, oficinas. Cubiertas transitables de uso público en zonas residenciales o administrativas.	2,00
Trasteros de zonas residenciales. Escaleras y zonas de acceso y evacuación de los edificios residenciales y administrativos. Zonas de acceso al público con mesas y sillas que no sean zonas residenciales administrativas o comerciales.	3,00
Zonas de acceso al público con asientos fijos que no sean zonas residenciales administrativas o comerciales.	4,00
Zonas sin obstáculos que impidan el libre movimiento de las personas como vestíbulos de edificios públicos, administrativos, hoteles; salas de exposición en museos; etc. Zonas destinadas a gimnasio u actividades físicas Zonas de aglomeración (salas de conciertos, estadios, etc) Locales comerciales, supermercados, hipermercados o grandes superficies Zonas de tráfico y de aparcamiento para vehículos ligeros (peso total < 30 kN)	5,00

Acciones sobre barandillas y elementos divisorios

		Carga [kN/m]
barandillas, petos, antepechos o quitamiedos de terrazas, miradores, balcones o escaleras.	Zonas de aglomeración (estadios, salas de conciertos)	3,00
	Zonas sin obstáculos de acceso al público	1,60
	Resto de casos	0,80
Parapetos, petos o barandillas y otros elementos que delimiten áreas accesibles para los vehículos.		50

Cargas aplicadas a 1,20 m de altura o sobre el borde superior del elemento.

Acciones de viento

$$q_e = q_b \cdot c_e \cdot c_p$$

q_e: Presión estática de viento perpendicular a la superficie donde choca
q_b: Presión dinámica. De forma simplificada para cualquier zona de España puede adoptarse, 0,5 kN/m^2
c_e: Coeficiente de exposición.
c_p: Coeficiente de presión.

Valores del coeficiente de exposición c_e

Grado de aspereza	Altura del punto considerado (m)							
	3	6	9	12	15	18	24	30
I. Borde del mar o de un lago, con una superficie de agua en la dirección del viento de al menos 5 km de longitud	2,4	2,7	3,0	3,1	3,3	3,4	3,5	3,7
II. Terreno rural llano sin obstáculos ni arbolado de importancia	2,1	2,5	2,7	2,9	3,0	3,1	3,3	3,5
III. Zona rural accidentada o llana con algunos obstáculos aislados, como árboles o construcciones pequeñas	1,6	2,0	2,3	2,5	2,6	2,7	2,9	3,1
IV. Zona urbana en general, industrial o forestal	1,3	1,4	1,7	1,9	2,1	2,2	2,4	2,6
V. Centro de negocio de grandes ciudades, con profusión de edificios en altura	1,2	1,2	1,2	1,4	1,5	1,6	1,9	2,0

Valores del coeficiente de presión c_p

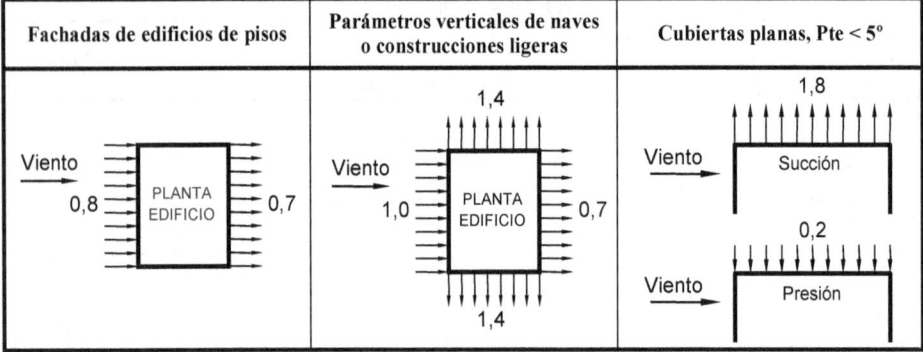

Valores máximos y medios. Para la obtención de los valores exactos consultar Anejo D del CTE-DB-SE-AE

Valores del coeficiente de presión c_p

Pendiente α	Cubiertas a un agua			
	Viento X / Succión	Viento X / Presión	Viento -X / Succión	Succión / Viento Y
15°	0,8	0,2	1,3	1,9
30°	0,5	0,7	0,8	1,5
>45°	0,0	0,8	0,7	1,4

Pendiente α	Cubiertas a dos aguas		
	Viento X / Succión	Viento X / Presión	Succión / Viento Y
15°	1,0	0,2	1,3
30°	0,5	0,7	1,4
>45°	0,3	0,8	1,4

Pendiente α	Marquesinas a un agua		Marquesinas a dos aguas			
	Succión	Presión	Succión	Presión	Succión	Presión
0°	1,8	1,8				
5°	2,2	2,1	1,8	1,3	2,4	0,8
10°	2,6	2,4	1,8	1,4	2,6	1,1
15°	2,9	2,7	2,0	1,4	2,6	1,4
20°	2,9	2,9	2,0	1,5	2,4	1,6
25°	3,2	3,1	2,0	1,6		
30°	3,8	3,2	2,0	1,6		

Valores aproximados del lado de la seguridad para superficies mayores a 10 m². Para la obtención de los valores exactos consultar Anejo D del CTE-DB-SE-AE

Acciones de nieve

		Carga [kN/m²]
Sobre terreno horizontal	Altitud = 1800 m	4,60
	Altitud = 1400 m	3,30
	Altitud = 1000 m	1,70
	Altitud = 700 m	1,00
	Altitud = 200 m	0,50
Cubiertas planas de edificios de pisos en localidades de altitud <1000 m.		1,00
Cubiertas con inclinación superior a 60°		0,00

En la tabla se muestran valores máximos orientativos. Las cargas exactas pueden obtenerse del artículo 3.5 del CTE-DB-SE-AE y anejo E en función de la ubicación y geometría del edificio.

ACCIONES EN PUENTES DE CARRETERA (*Norma: IAP-11*)

Peso específico de materiales

Material	Peso $[kN/m^3]$	Material	Peso $[kN/m^3]$	Material	Peso $[kN/m^3]$
Fundición	72,5	Basalto, pórfidos y ofitas	28,0	Madera seca	7,0
Acero	78,5	Granito o caliza	25,0	Madera húmeda	10,5
Aluminio	27,0	Zahorras, gravas y arenas	20,0	Material elastomérico	15,0
Vidrio	25,0	Pavimentos bituminosos	23,0	Poliestireno expandido	0,3

Valores característicos de las sobrecargas de uso

		Carga
Acción del tráfico rodado [1]	Sobrecarga uniforme en carril	9,00 kN/m²
	Carga puntual en carril: 4 cargas puntuales Separación entre ruedas: 2,00 m Separación entre ejes: 1,20 m	150 kN [2]
	Cargas horizontales de frenado y arranque L: distancia entre juntas o longitud del puente	360+2,7L kN
	Área remanente	2,50 kN/m²
Zona peatonal (aceras, rampas, escaleras)		5,00 kN/m²
Pasarelas	Carga vertical uniforme	5,00 kN/m²
	Fuerza horizontal longitudinal	0,50 kN/m²
Barandillas. (Fuerza horizontal perpendicular al elemento superior a 1,20 m de altura)		1,50 kN/m

(1) Valores máximos. Para carreteras de varios carriles consultar artículo 4.1.2.1 de la IAP-11.
(2) Carga por cada rueda.

Acciones de viento

	Carga sobre tablero $[kN/m^2]$	Carga sobre pila $[kN/m^2]$
Mar o zona costera	3,65	4,45
Lagos o áreas sin obstáculos	3,29	4,02
Zona rural con obstáculos aislados	2,88	3,52
Zona suburbana, forestal o industrial	2,34	2,85
Zona urbana con edificios altos	1,62	1,99

En la tabla se muestran valores máximos para puentes de menos de 40 m de luz y de menos de 20 m de altura. Las cargas en puentes de otras dimensiones pueden obtenerse del artículo 4.2 de la IAP-11.

Acciones de nieve

Sobrecarga de nieve sobre tablero de puente:

$$q_k = 0,8 \cdot s_k$$

Sobrecargas de nieve sobre terreno horizontal (s_k) coincidentes con las especificadas para edificios.

ACCIONES EN PUENTES DE FERROCARRIL (*Norma: IAPF-10*)

Peso específico de materiales (Coincidente con la tabla de la IAP-11)

Valores característicos de las sobrecargas de uso

		Carga
Acción del vehículo ferroviario parado [1]	Sobrecarga uniformemente repartida	97,00 kN/m
	Carga puntual en vía: 4 cargas puntuales Separación entre ejes: 1,60 m	303 kN [2]
	Carga horizontal de frenado de longitud 300 m	25 kN/m
	Carga horizontal de arranque de longitud 30 m	40 kN/m
Acción del vehículo ferroviario en marcha [1]	Sobrecarga uniformemente repartida	194,00 kN/m
	Carga puntual en vía: 4 cargas puntuales Separación entre ejes: 1,60 m	606 kN [2]
Zona no ferroviaria (aceras, paseos de servicio)		5,00 kN/m²
Postes de catenaria	Momento flector según eje paralelo a la vía	100 kN·m
	Fuerza vertical ascendente o descendente	50 kN
	Fuerza horizontal según eje perpendicular a la vía	15 kN
Barandillas. (Fuerza horizontal perpendicular al elemento superior a 1,50 m de altura)		1,50 kN/m

(1) Valores máximos de cargas actuando en un máximo de 2 vías simultáneamente, para puentes convencionales con vías de ancho ibérico con trenes circulando a velocidades de un máximo de 220 Km/h. Para otras configuraciones, pueden obtenerse las cargas del artículo 2.3.1 de la IAPF.
(2) Carga por cada eje de vehículo ferroviario.

Acciones de viento

	Carga sobre tablero $[kN/m^2]$	Carga sobre pila $[kN/m^2]$
Mar o zona costera	3,40	4,08
Lagos o áreas sin obstáculos	3,06	3,74
Zona rural con obstáculos aislados	2,68	3,28
Zona suburbana, forestal o industrial	2,17	2,65
Zona urbana con edificios altos	1,51	1,85

En la tabla se muestran valores máximos para puentes de menos de 40 m de luz y de menos de 20 m de altura. Las cargas en puentes de otras dimensiones pueden obtenerse del artículo 2.3.7. de la IAPF.

Acciones de nieve

Sobrecarga de nieve sobre tablero de puente:

$$q_k = 0,8 \cdot s_k$$

Sobrecargas de nieve sobre terreno horizontal (s_k)

	$s_k \ [kN/m^2]$
Altitud = 1000 m	1,70
Altitud < 200 m	0,40

En la tabla se muestran valores máximos orientativos. Las cargas exactas pueden obtenerse del artículo 2.3.8. de la IAPF en función de la situación geográfica de la vía.

COEFICIENTES DE SEGURIDAD DE LA ACCIONES

Coeficientes de seguridad comunes en estructuras

	Estabilidad Resistencia	Deformaciones Tensiones terreno
Acciones permanentes	1,35	1,00
Acciones variables	1,50	1,00

Coeficientes de seguridad simplificados del lado de la seguridad para acciones con efecto desfavorable. Los valores podrían ser menores dependiendo del tipo de acción. Para otras situaciones consultar TABLA 4.1 del CTE-DB-SE, TABLA 6.2 de la IAP-11 y CUADRO 4.1 de la IAPF.

COMBINACIÓN DE ACCIONES. VALOR DE CÁLCULO

Expresión para determinar la carga de cálculo para una situación persistente o transitoria:

$$\text{Carga de cálculo} = \sum \gamma_G \cdot G + \gamma_Q \cdot Q + \sum \gamma_Q \cdot \Psi_0 \cdot Q$$

γ_G: Coeficiente de seguridad de las acciones permanentes.
γ_Q: Coeficiente de seguridad de las acciones variables.
G: Acción permanente.
Q: Acción variable dominante.
Ψ_0: Coeficiente de simultaneidad de las acciones variables concomitantes con la acción variable dominante.

Coeficientes de simultaneidad comunes en estructuras (Ψ_0)

		Ψ_0
Edificios	Sobrecarga de uso	0,7
	Sobrecarga en cubiertas accesibles únicamente para mantenimiento	0
	Nieve para altitudes > 1000 m	0,7
	Nieve para altitudes ≤ 1000 m	0,5
	Viento	0,6
Puentes de carretera	Sobrecarga de uso vertical de vehículos pesados	0,75
	Sobrecarga de uso: fuerzas horizontales y carga de peatones	0
	Sobrecarga de uso uniforme, carga en aceras y cargas en pasarela	0,4
	Viento	0,6
	Nieve	0,8
Puentes de ferrocarril	Cargas de tráfico	0,8
	Resto de acciones variables	0,6

5. ESTRUCTURAS METÁLICAS (CTE-DB-SE-A)

COEFICIENTES DE SEGURIDAD DEL MATERIAL

$\gamma_{M0} = 1{,}05$	Relativo a la plastificación del material.
$\gamma_{M1} = 1{,}05$	Relativo a los fenómenos de inestabilidad.
$\gamma_{M2} = 1{,}25$	Relativo a la resistencia última del material, y a la resistencia de las uniones.

CARACTERÍSTICAS MECÁNICAS MÍNIMAS DEL ACERO (UNE EN 10025)

Acero	Límite elástico f_y (N/mm^2)	Tensión de rotura f_u (N/mm^2)	Características comunes a todos los aceros	
S235	235	360	Módulo de Elasticidad	E = 210.000 N/mm^2
S275	275	410	Módulo de Rigidez	G = 81.000 N/mm^2
S355	355	470	Coef. de Poisson	ν = 0,3
S450	450	550	Coef. de dilatación	$\alpha = 1{,}2 \cdot 10^{-5}$ °C^{-1}
			Densidad	ρ = 7.850 kg/m^3

CARACTERÍSTICAS MECÁNICAS DE LOS ACEROS DE LOS TORNILLOS

Clase	4.6	5.6	6.8	8.8	10.9
límite elástico f_y (N/mm^2)	240	300	480	640	900
Tensión de rotura f_u (N/mm^2)	400	500	600	800	1000

RESISTENCIA DE CÁLCULO

Comprobación de esfuerzos	Comprobación de inestabilidad.	Comprobación de uniones.
$f_{yd} = f_y/\gamma_{M0}$	$f_{yd} = f_y/\gamma_{M1}$	$f_{ud} = f_u/\gamma_{M2}$

RESISTENCIA DE LAS SECCIONES

Esfuerzo	Formulación	Notación
Tracción	$N_{t,Ed} \leq N_{t,Rd} = A \cdot f_{yd}$	$N_{t,Ed}$: Axil de tracción solicitante de cálculo. $N_{c,Ed}$: Axil de compresión solicitante de cálculo.
Compresión	$N_{c,Ed} \leq N_{c,Rd} = A \cdot f_{yd}$	$N_{t,Rd}$: Resistencia de cálculo a tracción. $N_{c,Rd}$: Resistencia de cálculo a compresión. A: Área bruta de la sección transversal de la barra.
Cortadura	$V_{Ed} \leq V_{Rd} = A_v \cdot f_{yd}/\sqrt{3}$ $Eje\ Z: A_v = h \cdot t_w$ $Eje\ Y: A_v = A - d \cdot t_w$	A_v: Área bruta de la sección transversal de la barra. h: Canto de la sección. d: Altura del alma de la sección. t_w: Espesor del alma de la sección. M_{Ed}: Momento flector solicitante de cálculo.
Flexión	$M_{Ed} \leq M_{Rd} = W_{pl} \cdot f_{yd}$	M_{Rd}: Momento flector resistente de cálculo. W_{pl}: Módulo resistente plástico.

LÍMITES DE DEFORMACIÓN

f Correas	f vigas	f vigas bajo tabiques	δ pilares	Notación
$L/200$	$L/300$	$L/400$	$L/250$	L: Luz entre apoyos f: flecha; δ: desplome

TABLAS DE PERFILES LAMINADOS

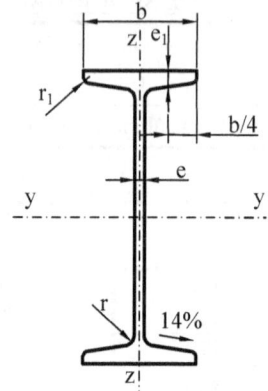

PERFIL IPN

IPN	Dimensiones (mm)						Área A cm^2	Peso P kg/m	Referido al eje y		
	h	b	$e = r$	e_1	r_1	h_1			I_y cm^4	W_y cm^3	i_y cm
80	80	42	3,9	5,9	2,3	59	7,58	5,95	77,8	19,5	3,20
100	100	50	4,5	6,8	2,7	75	10,6	8,32	171	34,2	4,01
120	120	58	5,1	7,7	3,1	92	14,2	11,1	328	54,7	4,81
140	140	66	5,7	8,6	3,4	109	18,3	14,4	573	81,9	5,61
160	160	74	6,3	9,5	3,8	125	22,8	17,9	935	117	6,40
180	180	82	6,9	10,4	4,1	142	27,9	21,9	1.450	161	7,20
200	200	90	7,5	11,3	4,5	159	33,5	26,3	2.140	214	8,00
220	220	98	8,1	12,2	4,9	175	39,6	31,1	3.060	278	8,80
240	240	106	8,6	13,1	5,2	192	46,1	36,2	4.250	354	9,59
260	260	113	9,4	14,1	5,6	208	53,4	41,9	5.740	442	10,4
280	280	119	10,1	15,2	6,1	225	61,1	48,0	7.590	542	11,1
300	300	125	10.8	16,2	6,5	241	69,1	54,2	9.800	653	11,9
320	320	131	11,5	17,3	6,9	257	77,8	61,1	12.510	782	12,7
340	340	137	12,2	18,3	7,3	274	86,8	68,1	15.700	923	13,5
360	360	143	13,0	19,5	7,8	290	97,1	76,2	19.610	1.090	14,2
380	380	149	13,7	20,5	8,2	306	107	84,0	24.010	1.260	15,0
400	400	155	14,4	21,6	8,6	323	118	92,6	29.210	1.460	15,7
450	450	170	16,2	24,3	9,7	363	147	115	45.850	2.040	17,7
500	500	185	18,0	27,0	10,8	404	180	141	68.740	2.750	19,6
550	550	200	19,0	30,0	11,9	444	213	167	99.180	3.610	21,6
600	600	215	21,6	32,4	13,0	485	254	199	139.000	4.630	23,4

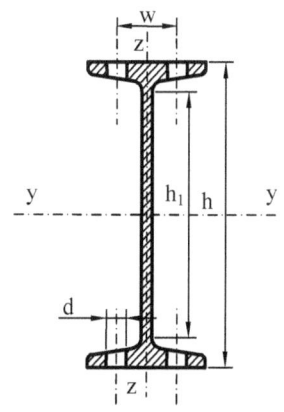

I: Momento de inercia

W: Módulo resistente

$i = \sqrt{I/A}$: Radio de giro

S_y: Momento estático de media sección

$s_y = I_y/S_y$: Distancia entre los centros de compresión y tracción.

$\eta = W_y/P$: Rendimiento

u: Superficie lateral por metro lineal

I_t: Módulo de torsión

I_a: Módulo de alabeo

Referido al eje z			w	d	S_y	s_y	η	u	I_t	I_a	IPN
I_z cm^4	W_z cm^3	i_z cm	mm	mm	cm^3	cm		m^2/m	cm^4	cm^6	
6,29	3,00	0,91	22	--	11,4	6,84	3,28	0,304	0,93	87,5	80
12,2	4,88	1,07	28	--	19,9	8,57	4,11	0,370	1,72	268	100
21,5	7,41	1,23	32	--	31,8	10,3	4,91	0,439	2,92	685	120
35,2	10,7	1,40	34	11	47,7	12,0	5,70	0,502	4,66	1.540	140
54,7	14,8	1,55	40	11	68,0	13,7	6,54	0,575	7,08	3.138	160
81,3	19,8	1,71	44	13	93,4	15,5	7,35	0,640	10,3	5.924	180
117	26,0	1,87	48	13	125	17,2	8,14	0,709	14,6	10.520	200
162	33,1	2,02	52	13	162	18,9	8,94	0,775	20,1	17.760	220
221	41,7	2,20	56	17	206	20,6	9,78	0,844	27	28.730	240
288	51,0	2,32	60	17	257	22,3	10,5	0,906	36,1	44.070	260
364	61,2	2,45	62	17	316	24,0	11,3	0,966	47,8	64.580	280
451	72,2	2,56	64	21	381	25,7	12,0	1,030	61,2	91.850	300
555	84,7	2,67	70	21	457	27,4	12,8	1,091	78,2	128.800	320
674	98,4	2,80	74	21	540	29,1	13,6	1,152	97,5	176.300	340
818	114	2,90	76	23	638	30,7	14,3	1,208	123	240.100	360
975	131	3,02	82	23	741	32,4	15,1	1,266	150	318.700	380
1.160	149	3,13	86	23	857	34,1	15,8	1,330	183	419.600	400
1.730	203	3,43	94	25	1.200	38,3	17,7	1,478	288	791.100	450
2.480	268	3,72	100	28	1.620	42,4	19,5	1,626	449	1.403.000	500
3.490	349	4,02	110	28	2.120	46,8	21,6	1,797	618	2.389.000	550
4.670	434	4,30	120	28	2.730	50,9	23,2	1,924	875	3.821.000	600

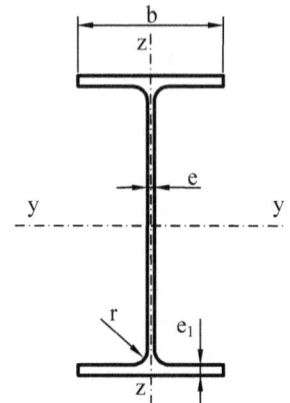

PERFIL IPE

IPE	Dimensiones (mm)						Área A cm²	Peso P kg/m	Referido al eje y		
	h	b	e	e_1	r_1	h_1			I_y cm⁴	W_y cm³	i_y cm
80	80	46	3,8	5,2	5	59	7,64	6,00	80,1	20,0	3.24
100	100	55	4,1	5,7	7	74	10,3	8,10	171	34,2	4,07
120	120	64	4,4	6,3	7	93	13,2	10,4	318	53,0	4,90
140	140	73	4,7	6,9	7	112	16,4	12,9	541	77,3	5,74
160	160	82	5,0	7,4	9	127	20,1	15,8	869	109	6,58
180	180	91	5,3	8,0	9	146	23,9	18,8	1.320	146	7,42
200	200	100	5,6	8,5	12	159	28,5	22,4	1.940	194	8,26
220	220	110	5,9	9,2	12	177	33,4	26,2	2.770	252	9,11
240	240	120	6,2	9,8	15	190	39,1	30,7	3.890	324	9,97
270	270	135	6,6	10,2	15	219	45,9	36,1	5.790	429	11,2
300	300	150	7,1	10,7	15	248	53,8	42,2	8.360	557	12,5
330	330	160	7,5	11,5	18	271	62,6	49,1	11.770	713	13,7
360	360	170	8,0	12,7	18	298	72,7	57,1	16.270	904	15,0
400	400	180	8,6	13,5	21	331	84,5	66,3	23.130	1.160	16,5
450	450	190	9,4	14,6	21	378	98,8	77,6	33.740	1.500	18,5
500	500	200	10,2	16,0	21	426	116	90,7	48.200	1.930	20,4
550	550	210	11,1	17,2	24	467	134	106	67.120	2.440	22,3
600	600	220	12,0	19,0	24	514	156	122	92.080	3.070	24,3

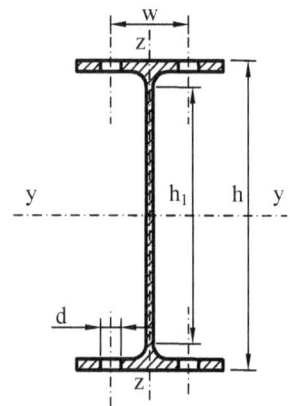

I: Momento de inercia

W: Módulo resistente

$i = \sqrt{I/A}$: Radio de giro

S_y: Momento estático de media sección

$s_y = I_y/S_y$: Distancia entre los centros de compresión y tracción.

$\eta = W_y/P$: Rendimiento

u: Superficie lateral por metro lineal

I_t: Módulo de torsión

I_a: Módulo de alabeo

Referido al eje z			w	d	S_y	s_y	η	u	I_t	I_a	IPE
I_z cm^4	W_z cm^3	i_z cm	mm	mm	cm^3	cm		m^2/m	cm^4	cm^6	
8,49	3,69	1,05	25	6,4	11,6	6,9	3,34	0,328	0,72	118	80
15,9	5,79	1,24	30	8,4	19,7	8,68	4,22	0,400	1,14	351	100
27,7	8,65	1,45	35	8,4	30,4	10,5	5,11	0,475	1,77	890	120
44,9	12,3	1,65	40	11	44,2	12,3	6	0,551	2,63	1.981	140
68,3	16,7	1,84	44	13	61,9	14	6,89	0,623	3,64	3.959	160
101	22,2	2,05	48	13	83,2	15,8	7,78	1	5,06	7.431	180
142	28,5	2,24	52	13	110	17,6	8,69	1	6,67	12.990	200
205	37,3	2,48	58	17	143	19,4	9,62	1	9,15	22.670	220
284	47,3	2,69	65	17	183	21,2	10,6	1	12	37.390	240
420	62,2	3,02	72	21	242	23,9	11,9	1	15,4	70.580	270
604	80,5	3,35	80	23	314	26,6	13,2	1	20,1	125.900	300
788	98,5	3,55	85	25	402	29,3	14,5	1	26,5	199.100	330
1.040	123	3,79	90	25	510	31,9	15,8	1	37,3	313.600	360
1.320	146	3,95	95	28	654	35,4	17,4	1	48,3	490.000	400
1.680	176	4,12	100	28	851	39,7	19,3	2	65,9	791.000	450
2.140	214	4,31	110	28	1.100	43,9	21,3	2	91,8	1.249.000	500
2.670	254	4,45	115	28	1.390	48,2	23,1	2	122	1.884.000	550
3.390	308	4,66	120	28	1.760	52,4	25,1	2	172	2.846.000	600

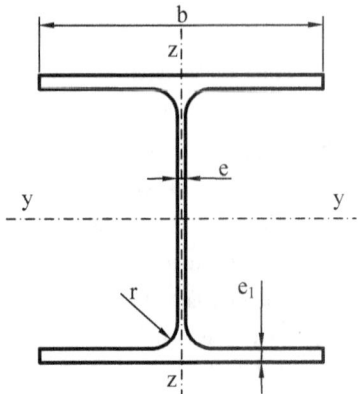

PERFIL HEA

HEA	Dimensiones (mm)						Área A cm²	Peso P kg/m	Referido al eje y		
	h	b	e	e_1	r_1	h_1			I_y cm⁴	W_y cm³	i_y cm
100	96	100	5,0	8,0	12	56	21,2	16,7	349	72,8	4,06
120	114	120	5,0	8,0	12	74	25,3	19,9	606	106	4,89
140	133	140	5,5	8,5	12	92	31,4	24,7	1.030	155	5,73
160	152	160	6,0	9,0	15	104	38,8	30,4	1.670	220	6,57
180	171	180	6,0	9,5	15	122	45,3	35,5	2.510	294	7,45
200	190	200	6,5	10,0	18	134	53,8	42,3	3.690	389	8,28
220	210	220	7,0	11,0	18	152	64,3	50,5	5.410	515	9,17
240	230	240	7,5	12,0	21	164	76,8	60,3	7.760	675	10,1
260	250	260	7,5	12,5	24	177	86,8	68,2	10.450	836	11,0
280	270	280	8,0	13,0	24	196	97,3	76,4	13.670	1.010	11,9
300	290	300	8,5	14,0	27	208	113	88,3	18.260	1.260	12,7
320	310	300	9,0	15,5	27	225	124	97,6	22.930	1.480	13,6
340	330	300	9,5	16,5	27	243	133	105	27.690	1.680	14,4
360	350	300	10,0	17,5	27	261	143	112	33.090	1.890	15,2
400	390	300	11,0	19	27	298	159	125	45.070	2.310	16,8
450	440	300	11,5	21	27	344	178	140	63.720	2.900	18,9
500	490	300	12,0	23	27	390	198	155	86.970	3.550	21
550	540	300	12,5	24	27	438	212	166	111.900	4.150	23
600	590	300	13,0	25	27	486	226	178	141.200	4.790	25

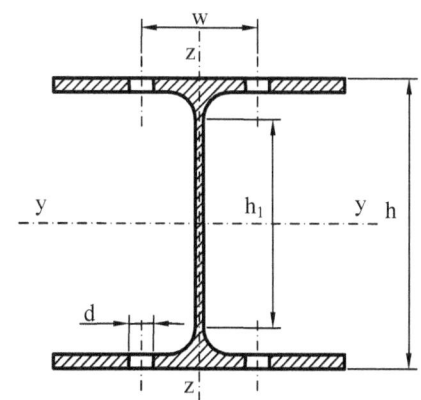

I: Momento de inercia

W: Módulo resistente

$i = \sqrt{I/A}$: Radio de giro

S_y: Momento estático de media sección

$s_y = I_y/S_y$: Distancia entre los centros de compresión y tracción.

$\eta = W_y/P$: Rendimiento

u: Superficie lateral por metro lineal

I_t: Módulo de torsión

I_a: Módulo de alabeo

Referido al eje z			w	d	S_y	s_y	η	u	I_t	I_a	HEA
I_z cm^4	W_z cm^3	i_z cm	mm	mm	cm^3	cm		m^2/m	cm^4	cm^6	
134	26,8	2,51	55	13	41,5	8,41	4,36	0,561	4,83	2.581	100
231	38,5	3,02	65	17	59,7	10,1	5,33	0,677	5,81	6.472	120
389	55,6	3,52	75	21	86,7	11,9	6,28	0,794	8,22	15.060	140
616	76,9	3,98	85	23	123	13,6	7,24	0,906	11,3	31.410	160
925	103	4,52	100	25	162	15,5	8,28	1,02	14,7	60.210	180
1.340	134	4,98	110	25	215	17,2	9,20	1,14	19,2	108.000	200
1.950	178	5,51	120	25	284	19,0	10,2	1,26	28,0	193.300	220
2.770	231	6,00	90	25	372	20,9	11,2	1,37	39,4	328.500	240
3.670	282	6,50	100	25	460	22,7	12,3	1,48	47,8	516.400	260
4.760	340	7,00	110	25	556	24,6	13,2	1,60	58,3	785.400	280
6.310	421	7,47	120	25	692	26,4	14,3	1,72	77,7	1.200.000	300
6.990	466	7,51	120	25	814	28,2	15,2	1,76	105	1.512.000	320
7.440	496	7,46	120	25	925	29,9	16,0	1,79	127	1.824.000	340
7.890	526	7,43	120	25	1.040	31,7	16,9	1,83	152	2.177.000	360
8.560	571	7,34	120	25	1.280	35,2	18,5	1,91	197	2.942.000	400
9.470	631	7,29	120	25	1.610	39,6	20,7	2,01	265	4.148.000	450
10.370	691	7,24	120	28	1.970	44,1	22,9	2,11	347	5.643.000	500
10.820	721	7,15	120	28	2.310	48,4	25,0	2,21	398	7.189.000	550
11.270	751	7,05	120	28	2.680	52,8	26,9	2,31	454	8.978.000	600

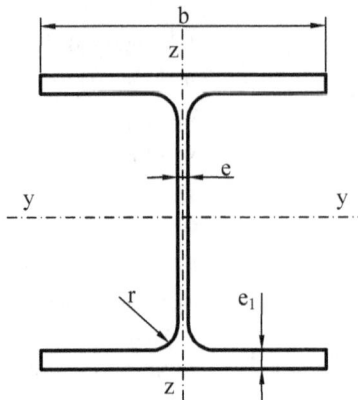

PERFIL HEB

HEB	Dimensiones (mm)						Área A cm^2	Peso P kg/m	Referido al eje y		
	h	b	e	e_1	r_1	h_1			I_y cm^4	W_y cm^3	i_y cm
100	100	100	6	10	12	56	26,0	20,4	450	89,9	4,16
120	120	120	6,5	11	12	74	34,0	26,7	864	144	5,04
140	140	140	7	12	12	92	43,0	33,7	1.510	216	5,93
160	160	160	8	13	15	104	54,3	42,6	2.490	311	6,78
180	180	180	8,5	14	15	122	65,3	51,2	3.830	426	7,66
200	200	200	9	15	18	134	78,1	61,3	5.700	570	8,54
220	220	220	9,5	16	18	152	91,0	71,5	8.090	736	9,43
240	240	240	10	17	21	164	106	83,2	11.260	938	10,3
260	260	260	10	17,5	24	177	118	93,0	14.920	1.150	11,2
280	280	280	10,5	18	24	196	131	103	19.270	1.380	12,1
300	300	300	11	19	27	208	149	117	25.170	1.680	13,0
320	320	300	11,5	20,5	27	225	161	127	30.820	1.930	13,8
340	340	300	12	21,5	27	243	171	134	36.660	2.160	14,6
360	360	300	12,5	22,5	27	261	181	142	43.190	2.400	15,5
400	400	300	13,5	24	27	298	198	155	57.680	2.880	17,1
450	450	300	14	26	27	344	218	171	79.890	3.550	19,1
500	500	300	14,5	28	27	390	239	187	107.200	4.290	21,2
550	550	300	15	29	27	438	254	199	136.700	4.970	23,2
600	600	300	15,5	30	27	486	270	212	171.000	5.700	25,2

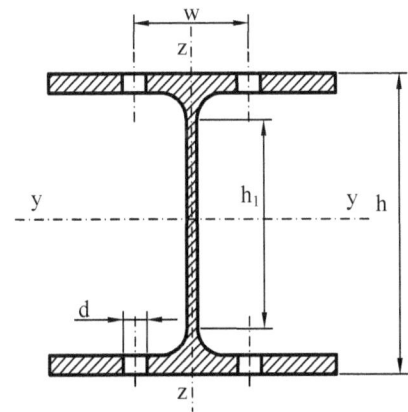

I: Momento de inercia

W: Módulo resistente

$i = \sqrt{I/A}$: Radio de giro

S_y: Momento estático de media sección

$s_y = I_y/S_y$: Distancia entre los centros de compresión y tracción.

$\eta = W_y/P$: Rendimiento

u: Superficie lateral por metro lineal

I_t: Módulo de torsión

I_a: Módulo de alabeo

Referido al eje z			w	d	S_y	s_y	η	u	I_t	I_a	HEB
I_z cm^4	W_z cm^3	i_z cm	mm	mm	cm^3	cm		m^2/m	cm^4	cm^6	
167	33,5	2,53	53	13	52,1	8,63	4,41	0,567	9,34	3.375	100
318	52,9	3,06	65	17	82,6	10,5	5,39	0,686	14,9	9.410	120
550	78,5	3,58	75	21	123	12,3	6,41	0,805	22,5	22.480	140
889	111	4,05	85	23	177	14,1	7,30	0,918	33,2	47.940	160
1.360	151	4,57	100	25	241	15,9	8,32	1,04	46,5	93.750	180
2.000	200	5,07	110	25	321	17,7	9,30	1,15	63,4	171.100	200
2.840	258	5,59	120	25	414	19,6	10,3	1,27	84,4	295.400	220
3.920	327	6,08	90	25	527	21,4	11,3	1,38	110	486.900	240
5.130	395	6,58	100	25	641	23,3	12,4	1,50	130	753.700	260
6.590	471	7,09	110	25	767	25,1	13,4	1,62	153	1.130.000	280
8.560	571	7,58	120	25	934	26,9	14,4	1,73	192	1.688.000	300
9.240	616	7,57	120	25	1.070	28,7	15,2	1,77	241	2.069.000	320
9.690	646	7,53	120	25	1.200	30,4	16,1	1,81	278	2.454.000	340
10.140	676	7,49	120	25	1.340	32,2	16,9	1,85	320	2.883.000	360
10.820	721	7,4	120	25	1.620	35,7	18,6	1,93	394	3.817.000	400
11.720	781	7,33	120	25	1.990	40,1	20,8	2,03	500	5.258.000	450
12.620	842	7,27	120	28	2.410	44,5	22,9	2,12	625	7.018.000	500
13.080	872	7,17	120	28	2.800	48,9	25,0	2,22	701	8.856.000	550
13.530	902	7,08	120	28	3.210	53,2	26,9	2,32	783	10.965.000	600

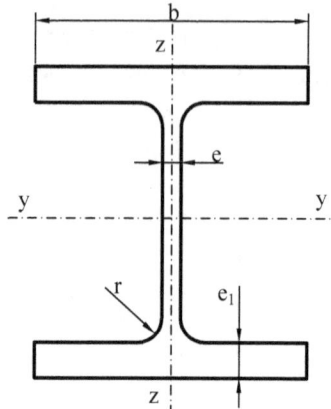

PERFIL HEM

HEM	Dimensiones (mm)						Área A cm²	Peso P kg/m	Referido al eje y		
	h	b	e	e_1	r_1	h_1			I_y cm⁴	W_y cm³	i_y cm
100	120	106	12	20	12	56	53,2	41,8	1.140	190	4,63
120	140	126	12,5	21	12	74	66,4	52,1	2.020	288	5,51
140	160	146	13	22	12	92	80,6	63,2	3.290	411	6,39
160	180	166	14	23	15	104	97,1	76,2	5.100	566	7,25
180	200	186	14,5	24	15	122	113	88,9	7.480	748	8,13
200	220	206	15	25	18	134	131	103	10.640	967	9,00
220	240	226	15,5	26	18	152	149	117	14.600	1.220	9,89
240	270	248	18	32	21	164	200	157	24.290	1.800	11,0
260	290	268	18	32,5	24	177	220	172	31.310	2.160	11,9
280	310	288	18,5	33	24	196	240	189	39.550	2.550	12,8
300	340	310	21	39	27	208	303	238	59.200	3.480	14,0
320	359	309	21	40	27	225	312	245	68.130	3.800	14,8
340	377	309	21	40	27	243	316	248	76.370	4.050	15,6
360	395	308	21	40	27	261	319	250	84.870	4.300	16,3
400	432	307	21	40	27	298	326	256	104.100	4.820	17,9
450	478	307	21	40	27	344	335	263	131.500	5.500	19,8
500	524	306	21	40	27	390	344	270	161.900	6.180	21,7
550	572	306	21	40	27	438	354	278	198.000	6.920	23,6
600	620	305	21	40	27	486	364	285	237.400	7.660	25,6

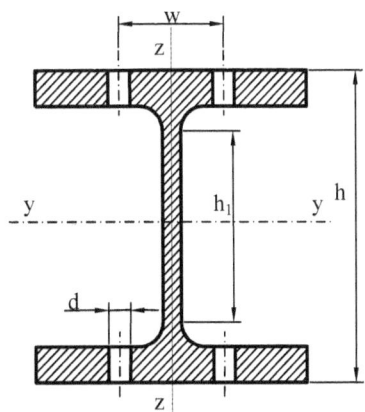

I: Momento de inercia
W: Módulo resistente
$i = \sqrt{I/A}$: Radio de giro
S_y: Momento estático de media sección
$s_y = I_y/S_y$: Distancia entre los centros de compresión y tracción.
$\eta = W_y/P$: Rendimiento
u: Superficie lateral por metro lineal
I_t: Módulo de torsión
I_a: Módulo de alabeo

Referido al eje z			w	d	S_y	s_y	η	u	I_t	I_a	HEB
I_z cm^4	W_z cm^3	i_z cm	mm	mm	cm^3	cm		m^2/m	cm^4	cm^6	
399	75,3	2,74	55	13	118	9,69	4,55	0,619	78,9	9.925	100
703	112	3,25	65	17	175	11,5	5,53	0,738	109	24.790	120
1.140	157	3,77	75	21	247	13,3	6,50	0,857	145	54.330	140
1.760	212	4,26	85	23	337	15,1	7,43	0,97	190	108.100	160
2.580	277	4,77	95	25	442	16,9	8,41	1,09	241	199.300	180
3.650	354	5,27	105	25	568	18,7	9,39	1,2	301	346.300	200
5.010	444	5,79	115	25	710	20,6	10,4	1,32	372	572.700	220
8.150	657	6,39	90	25	1.060	22,9	11,5	1,46	751	1.152.000	240
10.450	780	6,90	100	25	1.260	24,8	12,6	1,57	848	1.728.000	260
13.160	914	7,40	110	25	1.480	26,7	13,5	1,69	957	2.520.000	280
19.400	1.250	8,00	120	25	2.040	29	14,6	1,83	1690	4.386.000	300
19.710	1.280	7,95	120	25	2.220	30,7	15,5	1,87	1810	5.004.000	320
19.710	1.280	7,90	120	25	2.360	32,4	16,3	1,9	1820	5.585.000	340
19.520	1.270	7,83	120	25	2.490	34	17,2	1,93	1820	6.137.000	360
19.340	1.260	7,70	120	25	2.790	37,4	18,8	2	1830	7.410.000	400
19.340	1.260	7,59	120	25	3.170	41,5	20,9	2,1	1850	9.252.000	450
19.150	1.250	7,46	120	28	3.550	45,7	22,9	2,18	1860	11.187.000	500
19.150	1.250	7,35	120	28	3.970	49,9	24,9	2,28	1880	13.516.000	550
18.980	1.240	7,22	120	28	4.390	54,1	26,9	2,37	1890	15.908.000	600

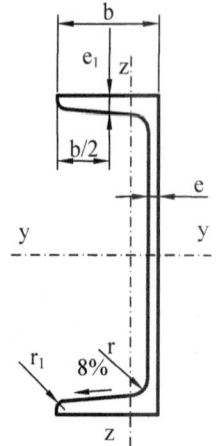

PERFIL UPN

UPN	Dimensiones (mm)						Área A cm^2	Peso P kg/m	Referido al eje y		
	h	b	e	$e_1 = r$	r_1	h_1			I_y cm^4	W_y cm^3	i_y cm
80	80	45	6	8	4	46	11,0	8,64	106	26,5	3,10
100	100	50	6	8,5	4,5	64	13,5	10,6	206	41,2	3,91
120	120	55	7	9	4,5	82	17,0	13,4	364	60,7	4,62
140	140	60	7	10	5	98	20,4	16,0	605	86,4	5,45
160	160	65	7,5	10,5	5,5	115	24,0	18,8	925	116	6,21
180	180	70	8	11	5,5	133	28,0	22,0	1.350	150	6,95
200	200	75	8,5	11,5	6	151	32,2	25,3	1.910	191	7,70
220	220	80	9	12,5	6,5	167	37,4	29,4	2.690	245	8,48
240	240	85	9,5	13	6,5	184	42,3	33,2	3.600	300	9,22
260	260	90	10	14	7	200	48,3	37,9	4.820	371	9,99
280	280	95	10	15	7,5	216	53,3	41,8	6.280	448	10,9
300	300	100	10	16	8	232	58,8	46,2	8.030	535	11,7
320	320	100	14	17,5	8,75	246	75,8	59,5	10.870	679	12,1
350	350	100	14	16	8	282	77,3	60,6	12.840	734	12,9
380	380	102	13,5	16	8	313	80,4	63,1	15.760	829	14,0
400	400	110	14	18	9	324	91,5	71,8	20.350	1.020	14,9

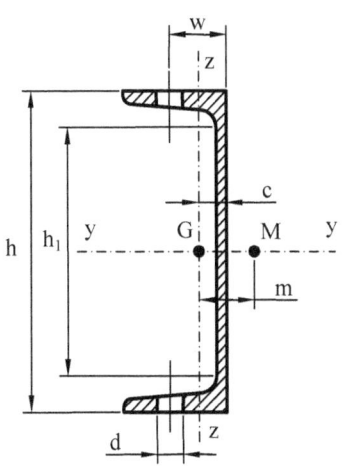

I: Momento de inercia

W: Módulo resistente

$i = \sqrt{I/A}$: Radio de giro

S_y: Momento estático de media sección

$s_y = I_y/S_y$: Distancia entre los centros de compresión y tracción.

m: Distancia del baricentro G al centro de esfuerzos cortantes M

$\eta = W_y/P$: Rendimiento

u: Superficie lateral por metro lineal

I_t: Módulo de torsión

I_a: Módulo de alabeo

Referido al eje z			w	d	S_y	s_y	c	m	η	u	I_t	I_a	UPN
I_z cm^4	W_z cm^3	i_z cm	mm	mm	cm^3	cm	cm	cm		m^2/m	mm^4	mm^6	
19,4	6,36	1,33	25	13	15,9	6,65	1,45	2,67	3,07	0,312	2,20	0,18	80
29,3	8,49	1,47	30	13	24,5	8,42	1,55	2,93	3,89	0,372	2,81	0,41	100
43,2	11,1	1,59	30	17	36,3	10,0	1,60	3,03	4,55	0,434	4,15	0,90	120
62,7	14,8	1,75	35	17	51,4	11,8	1,75	3,37	5,40	0,489	5,68	1,80	140
85,3	18,3	1,89	35	21	68,8	13,3	1,84	3,56	6,13	0,546	7,39	3,26	160
114	22,4	2,02	40	21	89,6	15,1	1,92	3,75	6,82	0,611	9,55	5,57	180
148	27,0	2,14	40	23	114	16,8	2,01	3,94	7,56	0,661	11,9	9,07	200
197	33,6	2,30	45	23	146	18,5	2,14	4,20	8,35	0,718	16,0	14,6	220
248	39,6	2,42	45	25	179	20,1	2,23	4,39	9,03	0,775	19,7	22,1	240
317	47,7	2,56	50	25	221	21,8	2,36	4,66	9,78	0,834	25,5	33,3	260
399	57,2	2,74	50	25	266	23,6	2,53	5,02	10,7	0,890	31,0	48,5	280
495	67,8	2,90	55	25	316	25,4	2,70	5,41	11,6	0,950	37,4	69,1	300
597	80,6	2,81	55	25	413	26,3	2,60	4,82	11,4	0,982	66,7	96,1	320
570	75,0	2,72	55	25	459	28,6	2,40	4,45	12,1	1,047	61,2	114	350
615	78,7	2,77	60	25	507	31,1	2,38	4,58	13,2	1,110	59,1	146	380
846	102	3,04	60	25	618	32,9	2,65	5,11	14,2	1,182	81,6	221	400

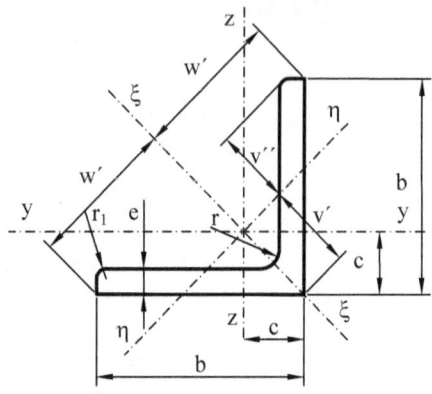

PERFIL L

L	Dimensiones (mm)				Área A cm^2	Peso P kg/m	Posición de los ejes (mm)			
	b	e	r	r_1			c	w´	v´	v´´
20×3*	20	3	4	2,0	1,13	0,88	6,0	14,1	8,4	7,0
20×4	20	4	4	2,0	1,46	1,14	6,3	14,1	9,0	7,1
25×3*	25	3	4	2,0	1,43	1,12	7,2	17,7	10,2	8,7
25×4	25	4	4	2,0	1,86	1,46	7,6	17,7	10,7	8,9
25×5	25	5	4	2,0	2,27	1,78	8,0	17,7	11,3	9,1
30×3*	30	3	5	2,5	1,74	1,36	8,4	21,2	11,8	10,4
30×4*	30	4	5	2,5	2,27	1,78	8,8	21,2	12,4	10,5
30×5	30	5	5	2,5	2,78	2,18	9,2	21,2	13,0	10,7
35×3*	35	3	5	2,5	2,04	1,60	9,6	24,7	13,6	12,3
35×4*	35	4	5	2,5	2,67	2,09	10,0	24,7	14,2	12,4
35×5	35	5	5	2,5	3,28	2,57	10,4	24,7	14,8	12,5
40×4**	40	4	6	3,0	3,08	2,42	11,2	28,3	15,8	14,0
40×5*	40	5	6	3,0	3,79	2,97	11,6	28,3	16,4	14,2
40×6	40	6	6	3,0	4,48	3,52	12,0	28,3	17,0	14,3
45×4**	45	4	7	3,5	3,49	2,74	12,3	31,8	17,5	15,7
45×5**	45	5	7	3,5	4,30	3,36	12,8	31,8	18,1	15,8
45×6*	45	6	7	3,5	5,09	4,00	13,2	31,8	18,7	15,9
50×4**	50	4	7	3,5	3,89	3,06	13,6	35,4	19,2	17,5
50×5**	50	5	7	3,5	4,80	3,77	14,0	35,4	19,9	17,6
50×6*	50	6	7	3,5	5,69	4,47	14,5	35,4	20,4	17,7
50×7	50	7	7	3,5	6,56	5,15	14,9	35,4	21,0	17,8
50×8	50	8	7	3,5	7,41	5,82	15,2	35,4	21,6	18,0
60×5**	60	5	8	4,0	5,82	4,57	16,4	42,4	23,2	21,1
60×6**	60	6	8	4,0	6,91	5,42	16,9	42,4	23,9	21,1
60×8*	60	8	8	4,0	9,03	7,09	17,7	42,4	25,0	21,4
60×10	60	10	8	4,0	11,1	8,69	18,5	42,4	26,1	21,7

* Perfiles recomendados en la norma UNE 36-531-72   **Perfiles recomendados en la norma NBE 102

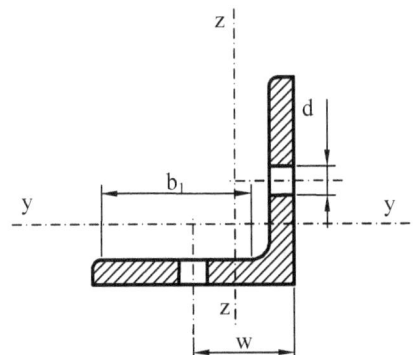

I: Momento de inercia
W: Módulo resistente
$i = \sqrt{I/A}$: Radio de giro
u: Superficie lateral por metro lineal

I_y cm⁴	W_y cm³	i_y cm	I_ξ cm⁴	i_ξ cm	I_η cm⁴	W_η cm³	i_η cm	I_{xy} cm⁴	b_1 mm	w mm	d mm	u m²/m	L
0,39	0,28	0,59	0,61	0,74	0,16	0,19	0,38	0,23	11,0	12	4,3	0,077	20×3*
0,49	0,36	0,58	0,77	0,72	0,21	0,23	0,38	0,28	10,0				20×4
0,80	0,45	0,75	1,26	0,94	0,33	0,33	0,48	0,87	16,0				25×3*
1,01	0,58	0,74	1,60	0,93	0,43	0,40	0,48	0,59	15,0	15	6,4	0,097	25×4
1,20	0,71	0,75	1,89	0,91	0,52	0,46	0,48	0,69	14,0				25×5
1,40	0,65	0,90	2,23	1,13	0,58	0,49	0,58	0,83	19,5				30×3*
1,80	0,85	0,89	2,85	1,12	0,75	0,61	0,58	1,05	18,5	17	8,4	0,116	30×4*
2,16	1,04	0,88	3,41	1,11	0,92	0,71	0,57	1,25	17,5				30×5
2,29	0,90	1,06	3,63	1,34	0,95	0,70	0,68	1,34	24,5				35×3*
2,95	1,18	1,05	4,68	1,33	1,23	0,86	0,68	1,73	23,5	18	11	0,136	35×4*
3,56	1,45	1,04	5,64	1,31	1,49	1,01	0,67	2,08	22,5				35×5
4,47	1,55	1,21	7,09	1,52	1,86	1,17	0,78	2,62	27,0				40×4**
5,43	1,91	1,20	8,60	1,51	2,26	1,37	0,77	3,17	26,0	22	11	0,155	40×5*
6,31	2,26	1,19	9,98	1,49	2,65	1,56	0,77	3,67	25,0				40×6
6,43	1,97	1,36	10,2	1,71	2,67	1,55	0,88	3,77	30,5				45×4**
7,84	2,43	1,35	12,4	1,70	3,26	1,80	0,87	4,57	29,5	25	13	0,174	45×5**
9,16	2,88	1,34	14,5	1,69	3,82	2,05	0,87	5,34	28,5				45×6*
8,97	2,46	1,52	14,2	1,91	3,72	1,94	0,98	5,24	35,5				50×4**
11,0	3,05	1,52	17,4	1,90	4,54	2,29	0,97	6,43	34,5				50×5**
12,8	3,61	1,50	20,3	1,89	5,33	2,61	0,97	7,49	33,5	30	13	0,194	50×6*
14,6	4,16	1,49	23,1	1,88	6,11	2,91	0,96	8,50	32,5				50×7
16,3	4,68	1,48	25,7	1,86	6,87	3,19	0,96	9,42	31,5				50×8
19,4	4,45	1,82	30,7	2,30	8,02	3,45	1,17	11,3	43,0				60×5**
22,8	5,29	1,82	36,2	2,29	9,43	3,95	1,17	13,4	42,0	35	17	0,233	60×6**
29,2	6,89	1,80	46,2	2,26	12,2	4,86	1,16	17,0	40,0				60×8*
34,9	8,41	1,78	55,1	2,23	14,8	5,67	1,16	20,3	38,0				60×10

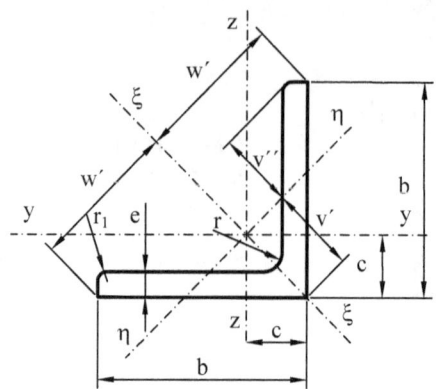

PERFIL L

L	Dimensiones (mm)				Área A cm^2	Peso P kg/m	Posición de los ejes (mm)			
	b	e	r	r_1			c	w'	v'	v''
70×6**	70	6	9	4,5	8,13	6,38	19,3	49,5	27,3	24,6
70×7**	70	7	9	4,5	9,40	7,38	19,7	49,5	27,9	24,7
70×8*	70	8	9	4,5	10,6	8,36	20,1	49,5	28,5	24,7
70×10	70	10	9	4,5	13,1	10,3	20,9	49,5	29,6	25,0
80×8**	80	8	10	5,0	12,3	9,63	22,6	56,6	31,9	28,2
80×10*	80	10	10	5,0	15,1	11,9	23,4	56,6	33,0	28,5
80×12	80	12	10	5,0	17,9	14,0	24,1	56,6	34,1	28,9
90×8**	90	8	11	5,5	13,9	10,9	25,0	63,6	35,3	31,7
90×10*	90	10	11	5,5	17,1	13,4	25,8	63,6	36,5	31,9
90×12	90	12	11	5,5	20,3	15,9	26,6	63,6	37,6	32,2
100×8**	100	8	12	6,0	15,5	12,2	27,4	70,7	38,7	35,2
100×10**	100	10	12	6,0	19,2	15,0	28,2	70,7	39,9	35,4
100×12	100	12	12	6,0	22,7	17,8	29,0	70,7	41,1	35,7
100×15	100	15	12	6,0	27,9	21,9	30,2	70,7	42,7	36,1
120×10**	120	10	13	6,5	23,2	18,2	33,1	84,9	46,9	42,3
120×12**	120	12	13	6,5	27,5	21,6	34,0	84,9	48,0	42,8
120×15	120	15	13	6,5	33,9	26,6	35,1	84,9	49,7	43,1
150×12**	150	12	16	8,0	34,8	27,3	41,2	106	58,3	52,9
150×15**	150	15	16	8,0	43,0	33,8	42,5	106	60,1	53,3
150×18	150	18	16	8,0	51,0	40,1	43,7	106	61,7	53,8
180×15*	180	15	18	9,0	52,1	40,9	49,8	127	70,5	63,6
180×18	180	18	18	9,0	61,9	48,6	51,0	127	72,2	64,1
180×20	180	20	18	9,0	68,3	53,7	51,8	127	73,3	64,4
200×16*	200	16	18	9,0	61,8	48,5	55,2	141	78,1	70,9
200×18*	200	18	18	9,0	69,1	54,2	56,0	141	79,3	71,2
200×20	200	20	18	9,0	76,3	59,9	56,8	141	80,4	71,5
200×24	200	24	18	9,0	90,6	71,1	58,4	141	82,6	72,1

* Perfiles recomendados en la norma UNE 36-531-72   **Perfiles recomendados en la norma NBE 102

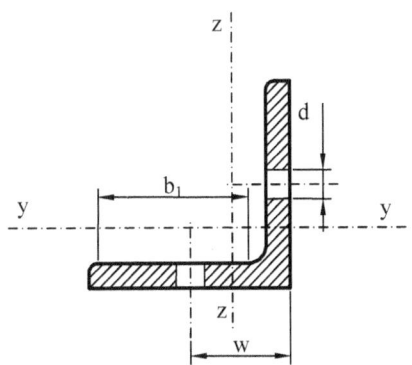

I: Momento de inercia

W: Módulo resistente

$i = \sqrt{I/A}$: Radio de giro

u: Superficie lateral por metro lineal

Ejes y-y=z-z			Eje ξ–ξ		Eje η-η			I_{xy}	b_1	w	d	u	L
I_y cm⁴	W_y cm³	i_y cm	I_ξ cm⁴	i_ξ cm	I_η cm⁴	W_η cm³	i_η cm	cm⁴	mm	mm	mm	m²/m	
36,9	7,27	2,13	58,5	2,68	15,3	5,59	1,37	21,6	50,5				70×6**
42,3	8,41	2,12	67,1	2,67	17,5	6,27	1,36	24,8	49,5	40	21	0,272	70×7**
47,5	9,52	2,11	75,3	2,66	19,7	6,91	1,36	27,8	47,5				70×8*
57,2	11,7	2,09	90,5	2,63	23,9	8,10	1,35	33,3	46,5				70×10
72,2	12,6	2,43	115	3,06	29,9	9,36	1,56	42,7	57,0				80×8**
87,5	13,4	2,41	139	3,03	36,3	11,0	1,55	45,0	35,0	45	23	0,311	80×10*
102	18,2	2,39	161	3,00	42,7	12,5	1,55	59,0	53,0				80×12
104	16,1	2,74	166	3,45	43,1	12,2	1,76	61,5	65,5				90×8**
127	19,8	2,72	201	3,43	52,5	14,4	1,75	74,2	63,5	50	25	0,351	90×10*
148	23,3	2,70	234	3,40	61,7	16,4	1,74	86,1	61,5				90×12
145	19,9	3,06	230	3,85	59,8	15,5	1,96	85,1	74,0				100×8**
177	24,6	3,04	280	3,83	72,9	18,3	1,95	104	72,0	45	25	0,390	100×10**
207	29,1	3,02	328	3,80	85,7	20,9	1,94	121	70,0				100×12
249	25,6	2,89	393	3,75	104	24,4	1,93	145	67,0				100×15
313	36,0	3,67	497	4,63	129	27,5	2,36	184	90,5				120×10**
368	42,7	3,65	584	4,60	152	31,5	2,35	50	80,0	50	25	0,469	120×12**
445	52,4	3,62	705	4,56	185	37,1	2,33	260	85,5				120×15
737	67,7	4,60	1.170	5,80	303	52,0	2,95	434	114				150×12**
898	83,5	4,57	1.430	5,76	370	61,6	2,93	530	131	50	28	0,586	150×15**
1.050	98,7	4,54	1.670	5,71	435	70,4	2,92	612	128				150×18
1.590	122	5,52	2.520	6,96	653	92,6	3,54	933	138				180×15*
1.870	145	5,49	2.960	6,92	768	106	3,52	1.096	135	60	28	0,705	180×18
2.040	159	5,47	3.240	6,89	843	115	3,51	1.198	133				180×20
2.540	162	6,16	3.720	7,76	960	123	3,94	1.380	157				200×16*
2.600	181	6,13	4.130	7,73	1.070	135	3,93	1.530	155	60	28	0,785	200×18*
2.850	199	6,11	4.530	7,70	1.170	146	3,92	1.680	153				200×20
3.330	235	6,06	5.280	7,64	1.380	167	3,90	1.950	149				200×24

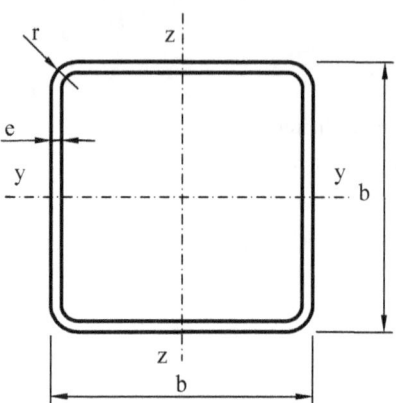

I: Momento de inercia

W: Módulo resistente

$i = \sqrt{I/A}$: Radio de giro

S: Momento estático de media sección

u: Superficie lateral por metro lineal

I_t: Módulo de torsión

PERFIL HUECO CUADRADO

#	Dimensiones (mm)			Área A cm²	Peso P kg/m	Referido a los ejes y-y = z-z			$S_y=S_z$ cm³	u m²/m	I_t cm⁴
	b	e	r			I_y cm⁴	W_y cm³	i_y cm			
40.2	40	2	5	2,90	2,28	6,60	3,40	1,53	2,04	0,151	11,3
40.3	40	3	8	4,13	3,24	9,01	4,51	1,48	2,80	0,147	15,6
40.4	40	4	10	5,21	4,09	10,5	5,26	1,42	3,40	0,143	18,9
45.2	45	2	5	3,30	2,59	9,94	4,42	1,74	2,63	0,171	16,3
45.3	45	3	8	4,73	3,71	13,4	5,95	1,68	3,65	0,167	22,9
45.4	45	4	10	6,01	4,72	15,9	7,07	1,63	4,49	0,163	28,2
50.2	50	2	5	3,70	2,91	13,9	5,57	1,94	3,30	0,191	22,7
50.3	50	3	8	5,33	4,18	19,0	7,59	1,89	4,62	0,187	32,0
50.4	50	4	10	6,81	5,35	22,9	9,15	1,83	5,73	0,183	39,9
55.2	55	2	5	4,10	3,22	18,9	6,86	2,14	4,04	0,211	30,5
55.3	55	3	8	5,93	4,66	25,9	9,43	2,09	5,70	0,207	43,4
55.4	55	4	10	7,61	5,97	31,6	11,5	2,04	7,12	0,203	54,5
60.2	60	2	5	4,50	3,53	24,8	8,28	2,35	4,86	0,231	39,9
60.3	60	3	8	6,53	5,13	34,4	11,5	2,3	6,89	0,227	57,1
60.4	60	4	10	8,41	6,60	42,3	14,1	2,24	8,66	0,223	72,2
60.5	60	5	13	10,1	7,96	48,5	16,2	2,19	10,2	0,219	85,2
70.2	70	2	5	5,30	4,16	40,3	11,5	2,76	6,71	0,271	64,1
70.3	70	3	8	7,73	6,07	56,6	16,2	2,71	9,60	0,267	92,6
70.4	70	4	10	10,0	7,85	70,4	20,1	2,65	12,2	0,263	118
70.5	70	5	13	12,1	9,53	82,0	23,4	2,60	14,5	0,259	141
80.3	80	3	8	8,93	7,01	86,6	21,7	3,11	12,8	0,307	140
80.4	80	4	10	11,6	9,11	109	27,2	3,06	16,3	0,303	180
80.5	80	5	13	14,1	11,1	128	32,0	3,01	19,5	0,299	217
80.6	80	6	15	16,5	13,0	144	36,0	2,95	22,4	0,294	250

#	Dimensiones (mm)			Área A cm²	Peso P kg/m	Referido a los ejes y-y = z-z			$S_y=S_z$ cm³	u m²/m	I_t cm⁴
	b	e	r			I_y cm⁴	W_y cm³	i_y cm			
90.3	90	3	8	10,1	7,95	126	37,9	3,52	16,4	0,347	202
90.4	90	4	10	13,2	10,4	159	35,4	3,47	21,1	0,343	281
90.5	90	5	13	16,1	12,7	189	41,9	3,42	25,3	0,339	316
90.6	90	6	15	18,9	14,9	214	47,6	3,36	29,2	0,334	366
100.3	100	3	8	11,3	8,89	175	35	3,93	20,1	0,387	279
100.4	100	4	10	14,8	11,6	223	44,6	3,88	26,4	0,383	363
100.5	100	5	13	18,1	14,1	266	53,1	3,83	31,9	0,379	440
100.6	100	6	15	21,3	16,7	304	60,7	3,77	37	0,374	513
120.4	120	4	10	18,0	14,1	397	66,2	4,7	38,9	0,463	638
120.5	120	5	13	22,1	17,4	478	79,6	4,64	47,2	0,459	780
120.6	120	6	15	26,1	20,5	551	91,8	4,59	55,1	0,454	913
140.5	140	5	13	26,1	20,5	780	111	5,46	65,6	0,539	260
140.6	140	6	15	30,9	24,3	905	129	5,41	76,8	0,534	480
140.8	140	8	20	40,0	31,4	1.130	161	5,3	97,5	0,526	890
160.5	160	5	13	30,1	23,7	1.190	149	6,28	86,9	0,619	1.901
160.6	160	6	15	35,7	28,0	1.390	173	6,23	102	0,614	2.240
160.8	160	8	20	46,4	36,5	1.740	218	6,12	131	0,609	2.890
170.5	170	5	13	32,1	25,2	1.440	169	6,69	98,7	0,659	2.290
170.6	170	6	15	38,1	29,9	1.680	198	6,64	116	0,654	2.710
170.8	170	8	20	49,6	39,0	2.120	249	6,53	39	0,646	3.410

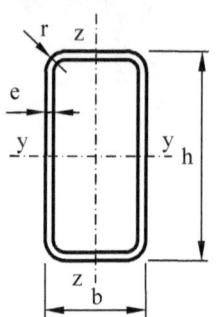

I: Momento de inercia

W: Módulo resistente

$i = \sqrt{I/A}$*:* Radio de giro

S: Momento estático de media sección

u: Superficie lateral por metro lineal

I_t*:* Módulo de torsión

PERFIL HUECO RECTANGULAR

#	Dimensiones (mm)				Área A cm^2	Peso P kg/m	Referido al eje y		
	h	b	e	r			I_y cm^4	W_y cm^3	i_y cm
60.40.2	60	40	2	5	3,70	2,91	18,1	6,03	2,21
60.40.3	60	40	3	8	5,33	4,18	24,7	8,23	2,15
60.40.4	60	40	4	10	6,81	5,35	29,7	9,91	2,09
70.40.2	70	40	2	5	4,10	3,22	26,4	7,55	2,54
70.40.3	70	40	3	8	5,93	4,66	36,4	10,4	2,48
70.40.4	70	40	4	10	7,61	5,97	44,3	12,6	2,41
70.50.2	70	50	2	5	4,50	3,53	31,1	8,87	2,63
70.50.3	70	50	3	8	6,53	5,13	43,1	12,3	2,57
70.50.4	70	50	4	10	8,41	6,60	53,0	15,1	2,51
80.40.3	80	40	3	8	6,53	5,13	51,0	12,8	2,79
80.40.4	80	40	4	10	8,41	6,60	62,6	15,6	2,73
80.40.5	80	40	5	13	10,1	7,96	71,6	17,9	2,66
80.60.3	80	60	3	8	7,73	6,07	68,8	17,2	2,98
80.60.4	80	60	4	10	10,0	7,86	85,7	21,4	2,93
80.60.5	80	60	5	13	12,1	9,53	99,8	25,0	2,87
100.50.3	100	50	3	8	8,33	6,54	105	20,9	3,54
100.50.4	100	50	4	10	10,8	8,49	131	26,1	3,48
100.50.5	100	50	5	13	13,1	10,31	153	30,6	3,41
100.50.6	100	50	6	15	15,3	12,03	171	34,2	3,34
100.60.4	100	60	4	10	11,6	9,11	149	29,8	3,58
100.60.5	100	60	5	13	14,1	11,10	175	35,1	3,52
100.60.6	100	60	6	15	16,5	12,97	197	39,5	3,46
100.80.4	100	80	4	10	13,2	10,37	186	37,2	3,75
100.80.5	100	80	5	13	16,1	12,67	221	44,1	3,70
100.80.6	100	80	6	15	18,9	14,85	251	50,1	3,64
120.60.4	120	60	4	10	13,2	10,37	236	39,3	4,22
120.60.5	120	60	5	13	16,1	12,67	279	46,5	4,16
120.60.6	120	60	6	15	18,9	14,85	317	52,8	4,09
120.80.4	120	80	4	10	14,8	11,63	290	48,3	4,42
120.80.5	120	80	5	13	18,1	14,24	345	57,6	4,36
120.80.6	120	80	6	15	21,3	16,74	395	65,8	4,30
120.100.4	120	100	4	10	16,4	12,88	343	57,2	4,57

Referido al eje z			S_y cm^3	S_z cm^3	u m^2/m	I_t cm^4	#
I_z cm^4	W_z cm^3	i_z cm					
9,69	4,85	1,62	3,7	2,80	0,191	20,7	60.40.2
13,1	6,56	1,57	5,18	3,91	0,187	29,2	60.40.3
15,7	7,86	1,52	6,42	4,84	0,183	36,1	60.40.4
11,1	5,57	1,65	4,67	3,18	0,211	25,8	70.40.2
15,2	7,59	1,60	6,59	4,47	0,207	36,4	70.40.3
18,3	9,16	1,55	8,23	5,56	0,203	45,3	70.40.4
18,5	7,42	2,03	5,35	4,26	0,231	37,5	70.50.2
25,6	10,3	1,98	7,59	6,03	0,227	53,6	70.50.3
31,4	12,5	1,93	9,55	7,57	0,223	67,6	70.50.4
17,2	8,60	1,62	8,15	5,02	0,227	43,8	80.40.3
20,9	10,5	1,58	10,2	6,28	0,223	54,7	80.40.4
23,7	11,9	1,53	12,0	7,33	0,219	63,6	80.40.5
44,2	14,7	2,39	10,5	8,6	0,267	88,5	80.60.3
54,9	18,3	2,34	13,3	10,9	0,263	113	80.60.4
63,7	21,2	2,29	15,8	12,9	0,259	134	80.60.5
35,6	14,2	2,07	13,1	8,13	0,287	88,6	100.50.3
44,1	17,6	2,02	16,8	10,3	0,283	113	100.50.4
51,1	20,4	1,97	20,0	12,2	0,279	134	100.50.5
56,7	22,7	1,92	22,9	13,9	0,274	151	100.50.6
67,4	22,5	2,41	18,7	13,1	0,303	156	100.60.4
78,9	26,3	2,36	22,4	15,7	0,299	187	100.60.5
88,4	29,5	2,31	25,7	17,9	0,294	214	100.60.6
132	33,0	3,16	22,6	19,4	0,343	254	100.80.4
156	39,0	3,11	27,1	23,3	0,339	307	100.80.5
177	44,3	3,06	31,3	26,9	0,334	355	100.80.6
80,0	26,7	2,46	24,9	15,4	0,343	201	120.60.4
94,0	31,4	2,41	30,0	18,4	0,339	241	120.60.5
106	35,3	2,37	34,6	21,2	0,334	277	120.60.6
155	38,8	3,24	29,6	22,4	0,383	332	120.80.4
184	46,1	3,19	35,7	27,0	0,379	402	120.80.5
210	52,5	3,14	41,4	31,3	0,374	467	120.80.6
260	57,0	3,98	34,2	30,2	0,423	479	120.100.4

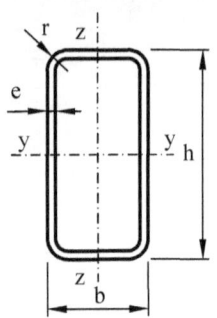

I: Momento de inercia

W: Módulo resistente

$i = \sqrt{I/A}$: Radio de giro

S: Momento estático de media sección

u: Superficie lateral por metro lineal

I_t: Módulo de torsión

PERFIL HUECO RECTANGULAR

#	Dimensiones (mm)				Área A cm^2	Peso P kg/m	Referido al eje y		
	h	**b**	**e**	**r**			I_y cm^4	W_y cm^3	i_y cm
120.100.5	120	100	5	13	20,1	15,81	412	68,6	4,52
120.100.6	120	100	6	15	23,7	18,62	473	78,8	4,46
140.60.4	140	60	4	10	14,8	11,63	349	49,8	4,85
140.60.5	140	60	5	13	18,1	14,24	415	59,3	4,78
140.60.6	140	60	6	15	21,3	16,74	474	67,7	4,71
140.80.4	140	80	4	10	16,4	12,88	423	60,4	5,08
140.80.5	140	80	5	13	20,1	15,81	506	72,4	5,01
140.80.6	140	80	6	15	23,7	18,62	582	83,1	4,95
140.100.4	140	100	4	10	18,0	14,14	497	71,0	5,25
140.100.5	140	100	5	13	22,1	17,38	598	85,4	5,20
140.100.6	140	100	6	15	26,1	20,51	690	98,5	5,14
160.80.4	160	80	4	10	18,0	14,14	589	73,6	5,72
160.80.5	160	80	5	13	22,1	17,38	708	88,5	5,65
160.80.6	160	80	6	15	26,1	20,51	816	102	5,59
160.120.5	160	120	5	13	26,1	20,52	948	119	6,02
160.120.6	160	120	6	15	30,9	24,27	1100	138	5,97
160.120.8	160	120	8	20	40	31,43	1370	171	5,85
180.100.5	180	100	5	13	26,1	20,52	1110	123	6,51
180.100.6	180	100	6	15	30,9	24,27	1280	143	6,44
180.100.8	180	100	8	20	40,0	31,43	1600	178	6,32
180.140.5	180	140	5	13	30,1	23,66	1410	157	6,85
180.140.6	180	140	6	15	35,7	28,04	1650	183	6,79
180.140.8	180	140	8	20	46,4	36,45	2070	230	6,68
200.80.5	200	80	5	13	26,1	20,52	1250	125	6,91
200.80.6	200	80	6	15	30,9	24,27	1450	145	6,84
200.80.8	200	80	8	20	40,0	31,43	1800	180	6,70
200.120.5	200	120	5	13	30,1	23,66	1630	163	7,35
200.120.6	200	120	6	15	35,7	28,04	1900	190	7,29
200.120.8	200	120	8	20	46,4	36,45	2390	239	7,17
200.150.5	200	150	5	13	33,1	26,01	1910	191	7,60
200.150.6	200	150	6	15	39,3	30,87	2240	224	7,54
200.150.8	200	150	8	20	51,2	40,22	2830	283	7,43

Referido al eje z			S_y cm^3	S_z cm^3	u m^2/m	I_t cm^4	#
I_z cm^4	W_z cm^3	i_z cm					
311	62,2	3,93	41,5	36,6	0,419	583	120.100.5
357	71,4	3,88	48,3	42,6	0,414	681	120.100.6
92,6	30,9	2,50	32,0	17,6	0,383	247	140.60.4
109	36,4	2,45	38,6	21,2	0,379	297	140.60.5
124	41,2	2,41	44,7	24,4	0,374	342	140.60.6
178	44,6	3,30	37,4	25,4	0,423	412	140.80.4
212	53,1	3,25	45,3	30,8	0,419	500	140.80.5
243	60,7	3,20	52,7	35,7	0,414	582	140.80.6
297	59,3	4,06	42,8	34,1	0,463	601	140.100.4
356	71,2	4,01	52,1	41,4	0,459	733	140.100.5
410	82,0	3,96	60,8	48,2	0,454	858	140.100.6
201	50,3	3,34	46,0	28,5	0,463	495	160.80.4
241	60,2	3,30	55,9	34,5	0,459	601	160.80.5
276	69,0	3,25	65,2	40,2	0,454	700	160.80.6
610	102	4,83	71,4	58,7	0,539	1.200	160.120.5
707	118	4,78	83,7	68,8	0,534	1.420	160.120.6
878	146	4,68	106	87,2	0,526	1.810	160.120.8
446	89,3	4,13	76,3	50,9	0,539	1.050	180.100.5
516	103	4,09	89,4	59,5	0,534	1.230	180.100.6
637	127	3,99	113	75,3	0,526	1.560	180.100.8
962	137	5,65	93,8	79,1	0,619	1.840	180.140.5
1120	160	5,60	110	92,9	0,614	2.170	180.140.6
1410	201	5,50	141	119	0,606	2.790	180.140.8
297	74,2	3,37	80,1	42,0	0,539	810	200.80.5
342	85,4	3,32	93,8	49,1	0,534	943	200.80.6
418	105	3,23	119	61,7	0,526	1.180	200.80.8
742	124	4,96	99,6	70,2	0,619	1.660	200.120.5
863	144	4,92	117	82,5	0,614	1.950	200.120.6
1080	180	4,82	150	105	0,606	2.500	200.120.8
1230	164	6,10	114	94,0	0,679	2.400	200.150.5
1440	192	6,05	135	111	0,674	2.830	200.150.6
1820	242	5,95	173	142	0,666	3.650	200.150.8

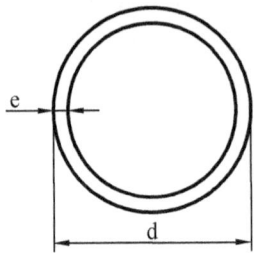

I: Momento de inercia

W: Módulo resistente

$i = \sqrt{I/A}$: Radio de giro

S: Momento estático de media sección

u: Superficie lateral por metro lineal

I_t: Módulo de torsión

PERFIL HUECO REDONDO

∅	Dimensiones (mm)		Área A cm^2	Peso P kg/m	Referido al eje de simetría			S cm^3	u m^2/m	I_t cm^4
	d	e			I cm^4	W cm^3	i cm			
40.2	40	2	2,39	1,88	4,33	2,16	1,35	1,44		8,66
40.3	40	3	3,49	2,74	6,01	3,00	1,31	2,05	0,126	12
40.4	40	4	4,52	3,55	7,42	3,71	1,28	2,60		14,8
45.2	45	2	2,7	2,12	6,26	2,78	1,52	1,85		12,5
45.3	45	3	3,96	3,11	8,77	3,9	1,49	2,65	0,141	17,5
45.4	45	4	5,15	4,04	10,9	4,84	1,45	3,37		21,8
50.2	50	2	3,02	2,37	8,70	3,48	1,69	2,30		17,4
50.3	50	3	4,43	3,47	12,2	4,91	1,66	3,31	0,157	24,5
50.4	50	4	5,78	4,53	15,4	6,16	1,63	4,23		30,8
55.2	55	2	3,33	2,61	11,7	4,25	1,87	2,81		23,4
55.3	55	3	4,90	3,85	16,6	6,04	1,84	4,06	0,173	33,2
55.4	55	4	6,41	5,03	21,0	7,64	2,01	5,21		42
60.2	60	2	3,64	2,86	15,3	5,11	2,05	3,36		30,6
60.3	60	3	5,37	4,21	21,8	7,29	2,01	4,87	0,188	43,7
60.4	60	4	7,04	5,52	27,7	9,24	1,98	6,27		55,4
65.2	65	2	3,96	3,11	19,7	6,06	2,23	3,97		39,4
65.3	65	3	5,84	4,58	28,1	8,65	2,19	5,78	0,204	56,2
65.4	65	4	7,67	6,02	35,8	11,6	2,16	7,46		71,6
70.2	70	2	4,27	3,35	24,7	7,05	2,41	4,62		49,4
70.3	70	3	6,31	4,95	35,5	10,1	2,37	6,73	0,220	71
70.4	70	4	8,29	6,51	45,3	12,9	2,34	8,72		90,6
75.2	75	2	4,58	3,60	30,5	8,15	2,58	5,33		61,1
75.3	75	3	6,78	5,32	44,0	11,7	2,54	7,78	0,236	88
75.4	75	4	8,92	7,00	56,3	15,0	2,51	10,1		113

$\varnothing$	Dimensiones (mm)		Área A cm^2	Peso P kg/m	Referido al eje de simetría			S cm^3	u m^2/m	I_t cm^4
	d	e			I cm^4	W cm^3	i cm			
80.2	80	2	4,90	3,85	37,3	9,33	2,76	6,09		74,6
80.3	80	3	7,26	5,70	53,9	13,5	2,72	8,90	0,251	108
80.4	80	4	9,55	7,50	69,1	17,3	2,69	11,6		138
90.3	90	3	8,19	6,43	77,6	17,3	3,07	11,4		155
90.4	90	4	10,8	8,48	100	22,3	3,04	14,8	0,283	200
90.5	90	5	13,4	10,5	121	26,9	3,01	18,1		242
100.3	100	3	9,14	7,17	108	21,5	3,43	14,1		215
100.4	100	4	12,1	9,47	139	27,8	3,39	18,4	0,314	278
100.5	100	5	14,9	11,7	169	33,8	3,36	22,6		338
100.6	100	6	17,7	13,9	196	39,3	3,33	26,5		393
125.4	125	4	15,2	11,9	279	44,6	4,28	29,3		557
125.5	125	5	18,8	14,8	340	54,4	4,24	36,0	0,393	680
125.6	125	6	22,4	17,6	398	63,7	4,21	42,5		796
155.5	155	5	23,6	18,5	663	85,5	5,3	56,2		1.330
155.6	155	6	28,1	22,1	781	101	5,27	66,6	0,487	1.560
155.8	155	8	36,9	29,0	1.000	129	5,21	86,5		2000
175.5	175	5	26,7	21,0	966	110	6,01	72,3		1.330
175.6	175	6	31,9	25,0	1.140	130	5,98	85,7	0,550	2.280
175.8	175	8	42,0	33,0	1.470	168	5,92	112		2.940
200.5	200	5	30,6	24,0	1.460	146	6,91	95,1		2.920
200.6	200	6	36,6	28,7	1.720	172	6,86	113	0,628	3.440
200.8	200	8	48,3	37,9	2.230	223	6,79	148		4.460

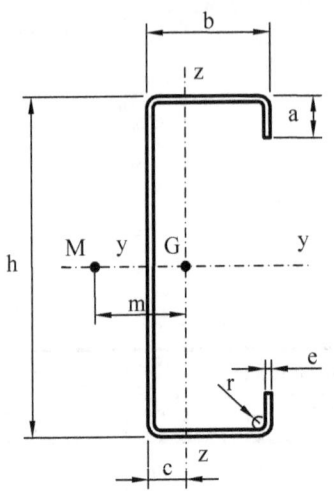

I: Momento de inercia

W: Módulo resistente

$i = \sqrt{I/A}$: Radio de giro

m: Distancia del baricentro G al centro de esfuerzos cortantes M

u: Superficie lateral por metro lineal

I_t: Módulo de torsión

I_a: Módulo de alabeo

PERFIL CONFORMADO C

CF	Dimensiones (mm)					Área A cm^2	Peso P kg/m	Referido al eje y		
	h	*b*	*a*	*e*	*r*			I_y cm^4	W_y cm^3	i_y cm
60.2,0	60	40	15	2,0	2,5	3,12	2,45	17,8	5,93	2,39
60.2,5	60	40	15	2,5	2,5	3,84	3,01	21,5	7,16	2,37
60.3,0	60	40	15	3,0	3,0	4,50	3,53	24,6	8,22	2,34
80.2,0	80	40	15	2,0	2,5	3,52	2,76	34,9	8,74	3,15
80.2,5	80	40	15	2,5	2,5	4,34	3,40	42,4	10,6	3,13
80.3,0	80	40	15	3,0	3,0	5,10	4,0	49,0	12,3	3,10
100.2,0	100	40	15	2,0	2,5	3,92	3,08	59,2	11,8	3,89
100.2,5	100	40	15	2,5	2,5	4,84	3,80	72,1	14,4	3,86
100.3,0	100	40	15	3,0	3,0	5,70	4,48	83,6	16,7	3,83
120.2,0	120	50	20	2,0	2,5	4,92	3,86	109	18,1	4,70
120.2,5	120	50	20	2,5	2,5	6,09	4,78	133	22,2	4,68
120.3,0	120	50	20	3,0	3,0	7,20	5,65	156	25,9	4,65
140.2,0	140	50	20	2,0	2,5	5,32	4,17	156	22,3	5,42
140.2,5	140	50	20	2,5	2,5	6,59	5,17	192	27,4	5,40
140.3,0	140	50	20	3,0	3,0	7,80	6,13	225	32,1	5,37
160.2,0	160	60	20	2,0	2,5	6,12	4,80	240	30,0	6,26
160.2,5	160	60	20	2,5	2,5	7,59	5,95	295	36,8	6,23
160.3,0	160	60	20	3,0	3,0	9,00	7,07	346	43,3	6,20

Referido al eje z			c	m	u	I_t	I_a	CF
I_z cm^4	W_z cm^3	i_z cm	cm	cm	m^2/m	mm^4	mm^6	
7,16	3,03	1,52		3,72	0,316	0,0416	74,9	60.2,0
8,56	3,62	1,49	1,63	3,62	0,312	0,0800	90,4	60.2,5
9,71	4,10	1,47		3,45	0,307	0,1350	109	60.3,0
8,00	3,15	1,51		3,40	0,356	0,0469	122	80.2,0
9,57	3,77	1,49	1,46	3,31	0,352	0,0904	148	80.2,5
10,9	4,28	1,46		3,17	0,347	0,1530	179	80.3,0
8,67	3,24	1,49		3,14	0,396	0,0523	189	100.2,0
10,4	3,87	1,46	1,32	3,06	0,392	0,1010	228	100.2,5
11,8	4,40	1,44		2,94	0,387	0,1710	275	100.3,0
17,9	6,47	1,91		4,22	0,496	0,0656	547	120.2,0
21,7	6,61	1,89	1,72	4,14	0,492	0,1270	668	120.2,5
25,0	7,61	1,86		4,02	0,487	0,2160	808	120.3,0
18,9	5,56	1,89		3,97	0,536	0,0709	751	140.2,0
22,9	6,72	1,86	1,60	3,89	0,532	0,1370	917	140.2,5
26,3	7,74	1,84		3,78	0,527	0,2340	1.105	140.3,0
30,5	7,37	2,23		4,62	0,616	0,0816	1.493	160.2,0
37,0	8,95	2,21	1,86	4,54	0,612	0,1580	1.627	160.2,5
42,9	10,4	2,18		4,43	0,607	0,2700	2.192	160.3,0

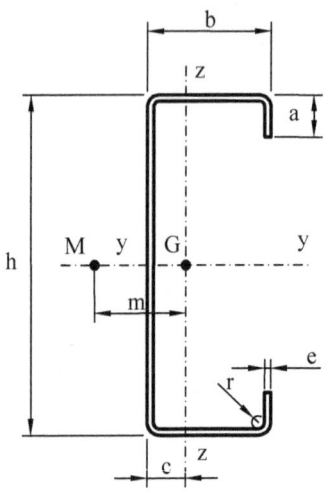

I: Momento de inercia

W: Módulo resistente

$i = \sqrt{I/A}$: Radio de giro

m: Distancia del baricentro G al centro de esfuerzos cortantes M

u: Superficie lateral por metro lineal

I_t: Módulo de torsión

I_a: Módulo de alabeo

PERFIL CONFORMADO C

CF	Dimensiones (mm)					Área A cm^2	Peso P kg/m	Referido al eje y		
	h	b	a	e	r			I_y cm^4	W_y cm^3	i_y cm
180.2,0	180	60	20	2,0	2,5	6,52	5,12	316	35,1	6,97
180.2,5	180	60	20	2,5	2,5	8,09	6,35	389	43,2	6,94
180.3,0	180	60	20	3,0	3,0	9,60	7,54	458	50,9	6,91
200.2,0	200	60	20	2,0	2,5	6,92	5,43	406	40,6	7,66
200.2,5	200	60	20	2,5	2,5	8,59	6,74	500	50,0	7,63
200.3,0	200	60	20	3,0	3,0	10,2	8,01	588	58,8	7,60
225.2,5	225	80	25	2,5	2,5	10,5	8,21	806	71,7	8,78
225.3,0	225	80	25	3,0	3,0	12,5	9,78	953	84,7	8,75
225.4,0	225	80	25	4,0	6,0	16,2	12,7	1.213	108	8,66
250.2,5	250	80	25	2,5	2,5	11,1	8,70	1.083	82,6	9,65
250.3,0	250	80	25	3,0	3,0	13,2	10,4	1.222	97,7	9,62
250.4,0	250	80	25	4,0	6,0	17,2	13,5	1.559	125	9,52
275.2,5	275	80	25	2,5	2,5	11,7	9,19	1.259	94,1	10,5
275.3,0	275	80	25	3,0	3,0	14,0	11,0	1.532	111	10,5
275.4,0	275	80	25	4,0	6,0	18,2	14,3	1.959	142	10,4
300.2,5	300	80	25	2,5	2,5	12,3	9,68	1.592	106	11,4
300.3,0	300	80	25	3,0	3,0	14,7	11,5	1.885	126	11,3
300.4,0	300	80	25	4,0	6,0	19,2	15,1	2.415	161	11,2

Referido al eje z			c	m	u	I_t	I_a	CF
I_z cm^4	W_z cm^3	i_z cm	cm	cm	m^2/m	mm^4	mm^6	
31,7	7,46	2,20		4,40	0,656	0,0869	1.930	180.2,0
38,5	9,06	2,18	1,75	4,35	0,652	0,1690	2.360	180.2,5
44,5	10,5	2,15		4,22	0,647	0,2880	2.825	180.3,0
32,7	7,53	2,17		4,20	0,696	0,0923	2.438	200.2,0
39,7	9,15	2,15	1,66	4,13	0,692	0,1790	2.981	200.2,5
46,0	10,6	2,12		4,04	0,687	0,3060	3.561	200.3,0
90,8	16,2	2,95	2,38	5,96	0,842	0,2180	8.320	225.2,5
106	18,9	2,92	2,38	5,86	0,837	0,3740	9.970	225.3,0
131	23,3	2,85	2,36	5,53	0,819	0,8650	14.057	225.4,0
93,8	16,3	2,91	2,25	5,70	0,892	0,2310	15.028	250.2,5
110	19,1	2,88	2,25	5,60	0,887	0,3960	12.601	250.3,0
136	23,5	2,81	2,23	5,30	0,869	0,9180	17.607	250.4,0
96,5	16,5	2,87	2,14	6,47	0,942	0,2440	13.061	275.2,5
113	19,2	2,84	2,14	5,37	0,937	0,4290	15.611	275.3,0
140	23,8	2,77	2,12	5,09	0,912	0,9710	21.655	275.4,0
98,9	16,6	2,83	2,04	5,25	0,992	0,2571	15.931	300.2,5
116	19,4	2,80	2,04	5,16	0,987	0,4410	19.017	300.3,0
143	24,0	2,73	2,02	4,89	0,969	1,0200	26.216	300.4,0

6. ESTRUCTURAS DE HORMIGÓN (EHE-08)

COEFICIENTES DE SEGURIDAD DEL MATERIAL

Hormigón: $\gamma_c = 1,50$ Acero de las armaduras: $\gamma_s = 1,15$

CARACTERÍSTICAS MECÁNICAS DEL HORMIGÓN

Tipo de Hormigón	Resistencia a compresión f_{ck} (N/mm^2)	Resistencia a tracción $f_{ct,k}$ (N/mm^2)	Módulo de deformación E_{cm} (N/mm^2)	Densidad ρ (Kg/m^3)
En masa	≥ 20	$0,21 f_{ck}^{2/3}$	$8.500\sqrt[3]{f_{ck}+8}$	2.300
Armado	≥ 25			2.500

Serie recomendada de f_{ck}: 20, 25, 30, 35, 40, 45, 50, 55, 60, 70, 80, 90, 100

CARACTERÍSTICAS MECÁNICAS DE LAS ARMADURAS DE ACERO

Acero	Límite elástico f_y (N/mm^2)	Tensión de rotura f_s (N/mm^2)	Alargamiento de rotura $\varepsilon_{u,5}$ (%)	Alargamiento bajo carga máxima $\varepsilon_{máx}$ (%)
B400S	400	440	14	5
B500S	500	550	12	5

Diámetro (mm)	6	8	10	12	16	20	25	32	40
Área (cm²)	0,28	0,50	0,79	1,13	2,01	3,14	4,91	8,04	12,56
Masas (Kg/m)	0,22	0,40	0,62	0,89	1,58	2,47	3,85	6,31	9,87

RESISTENCIA DE CÁLCULO

Hormigón		Armaduras de acero
Compresión	Tracción	
$f_{cd} = f_{ck}/\gamma_c$	$f_{ctd} = f_{ct,k}/\gamma_c$	$f_{yd} = f_y/\gamma_s$

CUANTÍAS GEOMÉTRICAS MÍNIMAS (‰)

Tipo de elemento estructural		Tipo de acero	
		B400S	B500S
Pilares		4,0	4,0
Losas		2,0	1,8
Forjados unidireccionales	Nervios	4,0	3,0
	Armadura de reparto perpendicular a los nervios	1,4	1,1
	Armadura de reparto paralela a los nervios	0,7	0,6
Vigas		3,3	2,8
Muros	Armadura horizontal	4,0	3,2
	Armadura vertical	1,2	0,9

RELACIONES L/d EN VIGAS Y LOSAS A FLEXIÓN SIMPLE

Sistema estructural	Elementos fuertemente armados	Elementos débilmente armados
Viga o losa simplemente apoyada	14	20
Viga o losa continua en un extremo	18	26
Viga o losa continua en ambos extremos	20	30
Recuadros exteriores y de esquina de losas	16	23
Recuadros interiores en losas	17	24
Voladizo	6	8

CANTO MÍNIMO DE VIGUETAS Y LOSAS ALVEOLARES

$$h_{mín} = \delta_1 \delta_2 \frac{L}{C} \qquad \delta_1 = \sqrt{\frac{q}{7}} \qquad \delta_2 = \left(\frac{L}{6}\right)^{1/4}$$

$h_{mín}$: Canto mínimo; q: Carga total del forjado; L: Luz de cálculo

Coeficientes **C**

Tipo de forjado	Tipo de carga	Tipo de tramo		
		Aislado	Extremo	Interior
Viguetas armadas	Con tabiques o muros	17	21	24
	Cubiertas	20	24	27
Viguetas pretensadas	Con tabiques o muros	19	23	26
	Cubiertas	22	26	29
Losas alveolares pretensadas	Con tabiques o muros	36	--	--
	Cubiertas	45	--	--

DIMENSIONES Y DISPOSICIÓN DE ARMADURAS

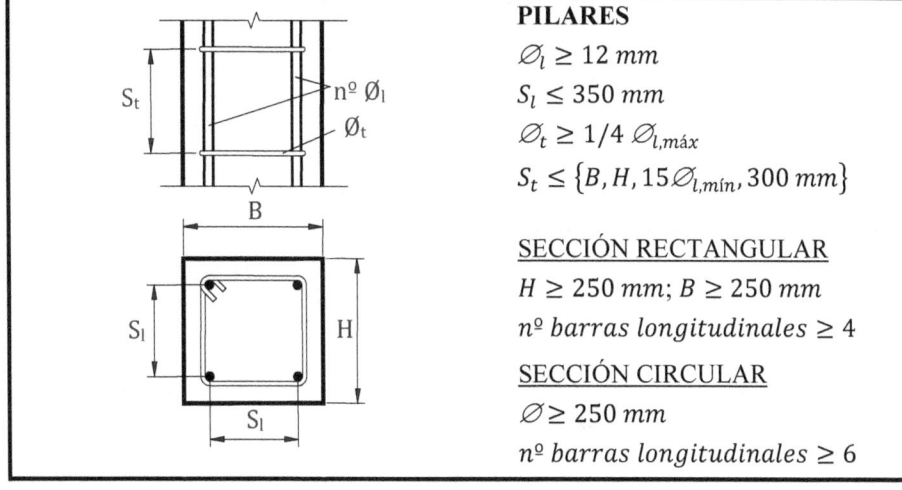

PILARES

$\emptyset_l \geq 12\ mm$

$S_l \leq 350\ mm$

$\emptyset_t \geq 1/4\ \emptyset_{l,máx}$

$S_t \leq \{B, H, 15\emptyset_{l,mín}, 300\ mm\}$

SECCIÓN RECTANGULAR

$H \geq 250\ mm; B \geq 250\ mm$

$n^o\ barras\ longitudinales \geq 4$

SECCIÓN CIRCULAR

$\emptyset \geq 250\ mm$

$n^o\ barras\ longitudinales \geq 6$

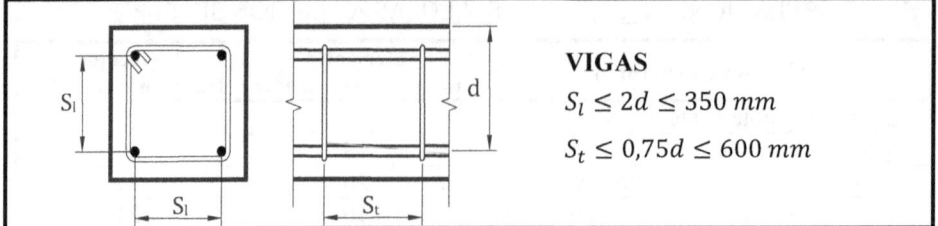

LONGITUDES DE ANCLAJE

Posición de la armadura		Notación
Adherencia buena	**Adherencia deficiente**	
$l_{bI} = m\emptyset^2 \geq \dfrac{f_{yk}}{20}\emptyset$	$l_{bII} = 1{,}4m\emptyset^2 \geq \dfrac{f_{yk}}{14}\emptyset$	l_b: Longitud básica de anclaje (mm) $\emptyset$: Diámetro de armadura (mm) f_{yk}: Límite elástico del acero (N/mm^2)

Resistencia característica del hormigón (N/mm^2)	Valores de m	
	B400S	**B500S**
25	1,2	1,5
30	1,0	1,3
35	0,9	1,2
40	0,8	1,1
45	0,7	1,0
50	0,7	1,0

RESISTENCIA DE LAS SECCIONES

Esfuerzo	Formulación	Notación
Tracción	$N_{t,Ed} \leq N_{t,Rd} = A_{sl} \cdot f_{yd}$	$N_{t,Ed}$: Axil de tracción solicitante de cálculo. $N_{c,Ed}$: Axil de compresión solicitante de cálculo. $N_{t,Rd}$: Resistencia de cálculo a tracción.
Compresión	$N_{c,Ed} \leq N_{c,Rd} = A_c f_{cd} + A_{sl} f_{yd}$	$N_{c,Rd}$: Resistencia de cálculo a compresión. V_d: Cortante solicitante de cálculo. V_{u1}: Cortante por compresión oblicua. V_{u2}: Cortante por tracción.
Cortadura	$V_d \leq V_{u1} = 0{,}3 f_{cd} b_0 d$ $*V_d \leq V_{u2} = d A_\alpha f_{yd} + 0{,}2 b_0 d$	M_{Ed}: Momento flector solicitante de cálculo. M_{Rd}: Momento flector resistente de cálculo. A_{sl}: Área de armadura longitudinal. A_α: Área de armadura transversal por unidad longitud. A_c: Área neta de la sección de hormigón. b_0: Anchura neta de la sección.
Flexión	$*M_{Ed} \leq M_{Rd} = 0{,}9d \cdot A_{sl} \cdot f_{yd}$	d: Brazo mecánico. (*)Fórmula aproximada.

LÍMITES DE DEFORMACIÓN

f total	f activa forjados	f activa vigas	δ pilares	Notación
$L/300; L/500 + 1cm$	$L/500; L/1000 + 0{,}5cm$	$L/400; 1\ cm$	$L/250$	L:Luz entre apoyos f: flecha; δ: desplome

7. ESTRUCTURAS DE MADERA (CTE-DB-SE-M)

COEFICIENTES DE SEGURIDAD DEL MATERIAL

Material	Coeficiente de seguridad, γ_M
Madera maciza	1,30
Madera laminada encolada	1,25
Madera microlaminada, tablero contrachapado, tablero de virutas orientadas	1,20
Tablero de partículas y tableros de fibras (duros, medios, densidad media, blandos)	1,30
Uniones	1,30
Placas clavo	1,20

PROPIEDADES DE LOS MATERIALES

MADERA ASERRADA DE CONÍFERA Y CHOPO.

Propiedades		Clase resistente											
		C14	C16	C18	C20	C22	C24	C27	C30	C35	C40	C45	C50
Resistencia (N/mm²)													
Flexión	$f_{m,k}$	14	16	18	20	22	24	27	30	35	40	45	50
Trac. paralela	$f_{t,0,k}$	8	10	11	12	13	14	16	18	21	24	27	30
Trac. perpend.	$f_{t,90,k}$	0,4	0,4	0,4	0,4	0,4	0,4	0,4	0,4	0,4	0,4	0,4	0,4
Comp. paralela	$f_{c,0,k}$	16	17	18	19	20	22	22	23	25	26	27	29
Comp. perpend.	$f_{c,90,k}$	2,0	2,2	2,2	2,3	2,4	2,5	2,6	2,7	2,8	2,9	3,1	3,2
Cortante	$f_{v,k}$	3,0	3,2	3,4	3,6	3,8	4,0	4,0	4,0	4,0	4,0	4,0	4,0
Rigidez (kN/mm²)													
Módulo elástico	$E_{0,medio}$	7	8	9	9,5	10	11	11,5	12	13	14	15	16
Densidad (kg/m³)													
Densidad media	ρ_{media}	350	370	380	390	410	420	450	460	480	500	520	550

MADERA ASERRADA DE FRONDOSAS.

Propiedades		Clase resistente							
		D18	D24	D30	D35	D40	D50	D60	D70
Resistencia (N/mm²)									
Flexión	$f_{m,k}$	18	24	30	35	40	50	60	70
Trac. paralela	$f_{t,0,k}$	11	14	18	21	24	30	36	42
Trac. perpend.	$f_{t,90,k}$	0,6	0,6	0,6	0,6	0,6	0,6	0,6	0,6
Comp. paralela	$f_{c,0,k}$	18	21	23	25	26	29	32	34
Comp. perpend.	$f_{c,90,k}$	7,5	7,8	8,0	8,1	8,3	9,3	10,5	13,5
Cortante	$f_{v,k}$	3,4	4,0	4,0	4,0	4,0	4,0	4,5	5,0
Rigidez (kN/mm²)									
Módulo elástico	$E_{0,medio}$	10	11	12	12	13	14	17	20
Densidad (kg/m³)									
Densidad media	ρ_{media}	610	630	640	650	660	750	840	1080

MADERA LAMINADA ENCOLADA HOMOGÉNEA.

Propiedades		Clase resistente			
		GL24h	GL28h	GL32h	GL36h
Resistencia (N/mm²)					
Flexión	$f_{m,k}$	24	28	32	36
Trac. paralela	$f_{t,0,k}$	16,5	19,5	22,5	26
Trac. perpend.	$f_{t,90,k}$	0,4	0,45	0,5	0,6
Comp. paralela	$f_{c,0,k}$	24	26,5	29	31
Comp. perpend.	$f_{c,90,k}$	2,7	3,0	3,3	3,6
Cortante	$f_{v,k}$	2,7	3,2	3,8	4,3
Rigidez (kN/mm²)					
Módulo elástico	$E_{0,medio}$	11,6	12,6	13,7	14,7
Densidad (kg/m³)					
Densidad	ρ_k	380	410	430	450

RESISTENCIA DE CÁLCULO

$$f_d = K_{mod} \cdot f_k / \gamma_M$$

f_d: valor de cálculo de la propiedad del material
f_d: valor característico de la propiedad del material
K_{mod}: factor de modificación

Valores de K_{mod} para maderas macizas y laminadas

Clase de servicio	Clase de duración de la carga				
	Permanente	Larga	Media	Corta	Instantanea
1 y 2	0,60	0,70	0,80	0,90	1,10
3	0,50	0,55	0,65	0,70	0,90

Clase de servicio 1: Madera expuesta a un ambiente interior
Clase de servicio 2: Madera a cubierto pero abiertas y expuestas al ambiente exterior.
Clase de servicio 3: Madera expuesta a un ambiente exterior sin cubrir.

RESISTENCIA DE LAS SECCIONES

Esfuerzo	Formulación	Notación
Tracción	$N_{t,Ed} \leq N_{t,Rd} = A \cdot f_{t,0,d}$	$N_{t,Ed}$: Axil de tracción solicitante de cálculo. $N_{t,Rd}$: Resistencia de cálculo a tracción.
Compresión	$N_{c,Ed} \leq N_{c,Rd} = A \cdot f_{c,0,d}$	$N_{c,Ed}$: Axil de compresión solicitante de cálculo. $N_{c,Rd}$: Resistencia de cálculo a compresión. V_{Ed}: Cortante solicitante de cálculo.
Cortadura	$V_{Ed} \leq V_{Rd} = 0,67 \cdot A \cdot f_{vd}$	V_{Rd}: Resistencia de cálculo a cortante. A: Área de la sección.
Flexión	$M_{Ed} \leq M_{Rd} = W \cdot f_{m,d}$	M_{Ed}: Momento flector solicitante de cálculo. M_{Rd}: Momento flector resistente de cálculo. W: Módulo resistente de la sección.

LÍMITES DE DEFORMACIÓN

f Correas	f vigas	f vigas bajo tabiques	δ pilares	Notación
$L/200$	$L/300$	$L/400$	$L/250$	L: Luz entre apoyos f: flecha; δ: desplome

8. ESTRUCTURAS DE FÁBRICA (CTE-DB-SE-F)

COEFICIENTES DE SEGURIDAD DEL MATERIAL

Material	Coeficiente de seguridad, γ_M
Resistencia de la fábrica	3,0
Resistencia de llaves y amarres	2,5
Anclaje del acero de armar	2,2
Acero de armaduras	1,15

PROPIEDADES DE LOS MATERIALES

Resistencia característica a la compresión de fábricas usuales f_k (N/mm²)

Resistencia de las piezas, f_b (N/mm²)	5		10		15		20	25	
Resistencia del mortero, f_m (N/mm²)	2,5	3,5	5	7,5	7,5	10	10	15	15
Ladrillo macizo con junta delgada	-	-	3	3	3	3	3	3	3
Ladrillo macizo	2	2	4	4	6	6	8	8	10
Ladrillo perforado	2	2	4	4	5	6	7	8	9
Bloques aligerados	2	2	3	4	5	5	6	7	8
Bloques huecos	1	1	2	3	4	4	5	6	6

Resistencia característica a cortante para fábricas de mortero ordinario (N/mm²)

Tipo de pieza		f_{vk0}			Límite de f_{vk}		
	Mortero	M1	M2,5	M10	M1	M2,5	M10
Macizas	Ladrillo cerámico	0,1	0,2	0,3	1,2	1,5	1,7
	Piedra natural	0,1	0,15	-	1,0	1,0	-
	Otras	0,1	0,15	0,2	1,2	1,5	1,7
Perforadas	Ladrillo cerámico	0,1	0,2	0,3	1,4	1,2	1,0
	Otras	0,1	0,15	0,2	1,4	1,2	1,0
Aligeradas		0,1	0,15	0,2	1,4	1,2	1,0
Huecas		0,1	0,2	0,3	-	-	-

Resistencia a flexión de la fábrica (N/mm²)

Tipo de pieza	Morteros ordinarios				Morteros de junta delgada		Morteros ligeros	
	f_m<5 N/mm²		f_m≥5 N/mm²					
	f_{xk1}	f_{xk2}	f_{xk1}	f_{xk2}	f_{xk1}	f_{xk2}	f_{xk1}	f_{xk2}
Cerámica	0,10	0,20	0,10	0,40	0,15	0,15	0,10	0,10
Silico-calcáreos	0,05	0,20	0,10	0,40	0,20	0,30	-	-
Hormigón ordinario	0,05	0,20	0,10	0,40	0,20	0,30	-	-
Hormigón celular de autoclave	0,05	0,40	0,10	0,40	0,15	0,20	0,10	0,15
Piedra artificial	0,05	0,40	0,10	0,40	-	-	-	-
Piedra natural	0,05	0,20	0,10	0,40	0,15	0,15	-	-

9. CIMENTACIONES Y MUROS (CTE-DB-SE-C)

COEFICIENTES DE SEGURIDAD

Coeficientes de seguridad del efecto de las acciones

Situaciones de dimensionado	Coeficiente de seguridad, γ_E
Hundimiento, deslizamiento y estabilidad global	1,0
Capacidad estructural	1,6
Vuelco	1,8

CARACTERÍSTICAS DE LOS TERRENOS

Tipo de Terreno	Tensión admisible σ_{adm} (N/mm²)	Coef. de balasto K_{30} (MN/m³)	Cohesión c (kN/m²)	Ángulo de rozamiento interno ϕ (°)	Ángulo de talud γ (°)	Densidad (kN/m³) Saturada γ_{sat}	Seca γ_d
Rocas	0,5 a 10	300 a 5000	>1000	25 a 45	45 a 90	20 a 28	20 a 28
Gravas	0,2 a 0,6	70 a 300	0	34 a 45	34 a 45	20 a 22	15 a 17
Arenas	0,1 a 0,3	10 a 200	0	30 a 36	30 a 36	18 a 20	13 a 16
Arcillas	0,15 a 0,3	15 a 200	10-100	16 a 28	20 a 50	16 a 22	14 a 21
Limo	0,01	15 a 45	0	25 a 32	30 a 45	18 a 20	14 a 18

TENSIONES EN EL TERRENO

Ley trapecial

$$\sigma_{máx} = \frac{N}{ab} + \frac{6M}{ba^2} \quad \sigma_{mín} = \frac{N}{ab} - \frac{6M}{ba^2} \quad \sigma_{med} = \frac{\sigma_{máx} + \sigma_{mín}}{2}$$

$$\sigma_{máx} < 1,25 \cdot \sigma_{adm} \quad \sigma_{med} < \sigma_{adm} \quad \sigma_{mín} > 0$$

Ley triangular

$$para \frac{M}{N} > \frac{a}{6} \qquad \sigma_{máx} = \frac{2N}{3\left(\frac{a}{2} - \frac{M}{N}\right)b} \qquad \sigma_{máx} < 1,25 \cdot \sigma_{adm} \quad \sigma_{med} < \sigma_{adm}$$

Notación:

$\sigma_{máx}$: tensión máxima a: ancho de la zapata en dirección del momento
σ_{med}: tensión media b: ancho de la zapata en dirección perpendicular al momento
$\sigma_{mín}$: tensión mínima N: Esfuerzo axil ; M: momento flector

DIMENSIONES Y ARMADURAS

Elemento de cimentación	Dimensiones	Armadura
Zapatas de hormigón en masa	Canto ≥ 35 cm	
Zapatas y losas de hormigón armado	Canto ≥ 25 cm	Separación ≤ 30 cm $\varnothing \geq 12$ mm
Encepados de hormigón armado sobre pilotes	Canto ≥ 40 cm Canto $\geq \varnothing_{\text{pilote}}$	Separación ≤ 30 cm $\varnothing \geq 12$ mm

ZAPATAS RÍGIDAS CENTRADAS

$$\sigma_{máx} = \frac{N_d}{ab} + \frac{6M_d}{ba^2} \qquad \sigma_{mín} = \frac{N_d}{ab} - \frac{6M_d}{ba^2} \qquad \sigma_{med} = \frac{\sigma_{máx} + \sigma_{mín}}{2} \qquad \begin{array}{l} N_d = \gamma_E N \\ M_d = \gamma_E M \end{array}$$

$$h \geq \frac{v}{2} \qquad R_2 = \frac{ab}{4}(\sigma_{máx} + \sigma_{med}) \qquad x_2 = \frac{a}{6b}\left(\frac{2\sigma_{máx} + 5\sigma_{med}}{\sigma_{máx} + \sigma_{med}}\right)$$

$$T_d = \frac{R_2}{0,85 \cdot d} \cdot \left(x_2 - \frac{c}{4}\right) = A_s \cdot f_{yd}$$

ZAPATAS FLEXIBLES CENTRADAS

$$h < \frac{v}{2} \qquad * A_S = \frac{R_2 \cdot x_2}{0,9 \cdot d \cdot f_{yd}} \qquad * V_d = R_2 < V_{u2} = 0,2 \cdot b_0 \cdot d$$

(*) Fórmula aproximada

Notación:

h: canto de la zapata R_2: Fuerza resultante de tensiones
v: vuelo de la zapata T_d: Fuerza de tracción en la armadura
N_d: axil de cálculo x_2: posición de la resultante de tensiones
V_d: cortante de cálculo V_{u2}: Resistencia a cortante de pieza sin armadura de cortante
M_d: momento de cálculo c: dimensión del pilar en la dirección del momento
                               d: canto útil de la zapata

EMPUJES EN MUROS

$$E = \gamma \cdot h \cdot \tan^2\left(45 - \frac{\alpha}{2}\right) \qquad F_R = \mu F_V \geq E \; ; \; \mu = \tan\phi \qquad M_V < \gamma_E M_H$$

Notación:

E: empuje F_R: Fuerza de rozamiento M_V: Momento fuerzas verticales
γ: densidad terreno F_V: Fuerzas verticales M_H: Momento fuerzas horizontales
h: Altura μ: Coeficiente de rozamiento γ_E: Coef. Seguridad (vuelco)
α: Angulo de talud

10. BIBLIOGRAFÍA

MINISTERIO DE FOMENTO (2011). Instrucción sobre las acciones a considerar en el proyecto de puentes de carretera. IAP-11. Madrid: Ministerio de Fomento.

MINISTERIO DE FOMENTO (2010). Instrucción de acciones a considerar en puentes de ferrocarril. IAPF. Madrid: Ministerio de Fomento.

MINISTERIO DE FOMENTO (2010). Instrucción de Hormigón Estructural. EHE-08. Madrid: Ministerio de Fomento.

MINISTERIO DE FOMENTO (2009). Código Técnico de la Edificación CTE. Documentos Básicos: Seguridad Estructural DB-SE, Acciones en la Edificación DB-SE-AE, Cimientos DB-SE-C, Acero DB-SE-A, Fábrica DB-SE-F, Madera DB-SE-M. Madrid: Ministerio de Fomento.

LÓPEZ GAYARRE, FERNANDO (2006). Elementos de topografía y construcción. Oviedo: Ediciones de la Universidad de Oviedo.

JIMÉNEZ MONTOYA, P., GARCÍA MESEGUER, A. y MORÁN CABRÉ, F. (2000). Hormigón Armado. Barcelona: Gustavo Gili.

MANUEL VAZQUEZ (1994). Resistencia de Materiales. Madrid, Editorial Noela.

LUIS ORTIZ BERROCAL (1990). Resistencia de Materiales. Madrid, McGraw-Hill.

J. CALAVERA (1987). Muros de Contención y Muros de Sótano. Madrid, Intemac.

J. CALAVERA (1982). Calculo de estructuras de Cimentación. Madrid, Intemac.

G. S. PISARENKO (1979). Manual de Resistencia de Materiales. Madrid, Editorial Mir.

LUIS ORTIZ BERROCAL (1970). Geometría de Masas. Curso de Mecánica Teórica. Madrid, UPM.

R. L´HERMINIER (1967). Mecánica del Suelo y Dimensionamiento de Firmes. Madrid, Editorial Blume.

S. TIMOSHENKO (1957). Resistencia de Materiales. Primera Parte. Teoría Elemental y Problemas. Madrid, Espasa-Calpe, S.A.

www.ingramcontent.com/pod-product-compliance
Lightning Source LLC
Chambersburg PA
CBHW061219180526
45170CB00003B/1073

* 9 7 8 0 2 4 4 4 2 1 5 4 0 *